21世纪先进制造技术丛书

气动软体机器人技术及应用

鲍官军　王志恒　著

科学出版社

北京

内 容 简 介

　　本书系统阐述了气动软体机器人的相关理论、方法及其关键技术。主要内容包括软体机器人的发展历程、分类、应用领域、关键技术，当前软体机器人研究领域中所关注的技术问题，各种气动软体驱动器的结构原理、理论建模和仿真分析，基于气动软体驱动器的软体末端执行器的设计及特性分析，基于气动软体驱动器的 ZJUT 多指灵巧手结构设计、系统建模、控制策略、对象辨识、抓持规划，以及基于气动软体驱动器的软体机械臂等。

　　本书可作为机器人工程、机电一体化、自动化相关专业本科生、研究生的教材，也可供自动化装备和机电控制相关领域的科研人员、工程技术人员参考。

图书在版编目（CIP）数据

气动软体机器人技术及应用/鲍官军，王志恒著. —北京：科学出版社，2021.3
　　（21 世纪先进制造技术丛书）
　　ISBN 978-7-03-067731-0

　　Ⅰ．①气… Ⅱ．①鲍… ②王… Ⅲ．①气动机器人-机器人技术-研究 Ⅳ．①TP242

中国版本图书馆 CIP 数据核字(2021)第 001859 号

责任编辑：朱英彪 赵微微 / 责任校对：王萌萌
责任印制：吴兆东 / 封面设计：蓝　正

科 学 出 版 社 出版
北京东黄城根北街 16 号
邮政编码：100717
http://www.sciencep.com
北京建宏印刷有限公司 印刷
科学出版社发行　各地新华书店经销
*
2021 年 3 月第 一 版　开本：720×1000　1/16
2022 年 11 月第三次印刷　印张：14 1/4
字数：287 000
定价：98.00 元
（如有印装质量问题，我社负责调换）

《21世纪先进制造技术丛书》编委会

《21世纪先进制造技术丛书》序

21世纪,先进制造技术呈现出精微化、数字化、信息化、智能化和网络化的显著特点,同时也代表了技术科学综合交叉融合的发展趋势。高技术领域如光电子、纳电子、机器视觉、控制理论、生物医学、航空航天等学科的发展,为先进制造技术提供了更多更好的新理论、新方法和新技术,出现了微纳制造、生物制造和电子制造等先进制造新领域。随着制造学科与信息科学、生命科学、材料科学、管理科学、纳米科技的交叉融合,产生了仿生机械学、纳米摩擦学、制造信息学、制造管理学等新兴交叉科学。21世纪地球资源和环境面临空前的严峻挑战,要求制造技术比以往任何时候都更重视环境保护、节能减排、循环制造和可持续发展,激发了产品的安全性和绿色度、产品的可拆卸性和再利用、机电装备的再制造等基础研究的开展。

《21世纪先进制造技术丛书》旨在展示先进制造领域的最新研究成果,促进多学科多领域的交叉融合,推动国际间的学术交流与合作,提升制造学科的学术水平。我们相信,有广大先进制造领域的专家、学者的积极参与和大力支持,以及编委们的共同努力,本丛书将为发展制造科学,推广先进制造技术,增强企业创新能力做出应有的贡献。

先进机器人和先进制造技术一样是多学科交叉融合的产物,在制造业中的应用范围很广,从喷漆、焊接到装配、抛光和修理,成为重要的先进制造装备。机器人操作是将机器人本体及其作业任务整合为一体的学科,已成为智能机器人和智能制造研究的焦点之一,并在机械装配、多指抓取、协调操作和工件夹持等方面取得显著进展,因此,本系列丛书也包含先进机器人的有关著作。

　　最后，我们衷心地感谢所有关心本丛书并为丛书出版尽力的专家们，感谢科学出版社及有关学术机构的大力支持和资助，感谢广大读者对丛书的厚爱。

华中科技大学

2008 年 4 月

序

机器人是当前最热门的科学研究和应用领域之一，也是广受社会各界关注的热点话题。软体机器人是近年来迅速发展的一个研究方向，因其具有完全不同于传统刚性机器人的柔软性、无限自由度、大变形能力、目标环境的自主适应性和安全性等特点，被广泛认为是机器人发展过程中的变革性方向，将会成为与刚性机器人并驾齐驱、互为补充的崭新领域。

软体机器人的关键技术之一是新型驱动，包括流体驱动技术、智能材料驱动技术等。气体软体驱动器的研究源于 20 世纪 50 年代，科研人员以最初的气动人工肌肉为基础相继研发出各种结构形式的软体驱动器，并设计出适用于不同应用场景的软体机器人，如软体机械手、管道机器人、象鼻形触手机器人等。特别是随着服务机器人、农产品和食品操作机器人研发需求的上升，越来越多的科研人员、工程技术人员投入到软体机械手的机构原理分析、结构设计和产品开发中，充分发挥并利用软体机器人的柔顺性、目标适应性和安全性特点，同时努力解决其刚性弱、响应慢、运动精度低、建模和控制困难等问题，以期实现软体机器人在生产和生活中的推广应用。

时至今日，气动软体机器人的研究工作已经有了近 70 年的历程。经过广大科研人员的不懈努力，在近年来软体机器人热潮之下，气动软体机器人的研究取得了长足进步和积累。因此，对气动软体机器人的相关研究工作进行梳理、分析并总结形成系统性的论述著作，是当前软体机器人研究发展的需要，对于加快促进气动软体机器人的应用推广也有着重要的现实意义。

该书是为适应当前气动软体机器人研究开发需求而撰写的一本学术著作。作者鲍官军教授长期从事气动软体机器人的研究开发与应用推广工作，在该领域深耕近 20 年，做了大量深入的调查分析与研究开发工作。作者课题组相继开展了气动柔性驱动器及柔性关节的设计与驱动控制方法、气动柔性多指灵巧手、手部运动功能康复器、软体采摘末端执行器等研究工作，承担了十余项软体机器人领域的科研项目和企业委托开发项目，在软体机器人研究领域具有一定的影响力。该书凝聚了作者及其所在课题组多年从事气动软体机器人研究的成果和实践经验，系统阐述了软体机器人尤其是气动软体机器人的发展历程，重点论述了典型气动软体驱动器的构型设计、建模与仿真，以及气动软体末端执行器、气动柔性手部运动功能康复器、气动刚柔耦合多指灵巧手、气动软体机械臂等内容，期望能成为软体机器人教学、科研和工程应用开发人员的重要参考资料。

重庆大学

2021 年 1 月

前　言

　　软体机器人是机器人领域的一个新兴分支。与传统的刚性机器人相比，软体机器人采用超弹性/软物质材料如聚合物、硅胶、橡胶等作为本体；同时，其驱动形式也不仅仅局限于电机等传统驱动器，气压驱动、记忆合金、介电驱动、化学驱动等形式多样、特性各异的新型智能驱动器为软体机器人提供了丰富的选择，也为软体机器人的各种特殊结构设计提供了可能性。软体机器人驱动和材料的特殊性使其具有与生俱来的柔顺性和目标、环境适应性，有效弥补了传统刚性机器人在这方面的不足。其中，气动软体机器人是目前被广泛关注并且最有可能推向应用的一类软体机器人。

　　本书是作者所在团队十余年来从事气动软体机器人研究与开发的成果和经验总结，内容涉及机器人学、机械设计及理论、气压传动、控制工程、传感器技术等多个学科领域。全书共 10 章。第 1 章对软体机器人的发展历程、分类、应用领域、关键技术进行概述，并对当前软体机器人领域内所关注的技术问题进行分析。第 2～9 章是本书的重点内容，详细介绍各种气动软体驱动器的结构原理、理论建模和仿真分析，利用理论成果指导气动软体末端执行器的设计，将末端执行器应用于手部运动功能康复器的研发；介绍基于气动软体驱动器的 ZJUT 多指灵巧手的结构设计，对灵巧手的关节位置传感系统、指尖力/力矩传感系统、触觉传感系统、抓持建模与控制策略等进行详细阐述，并论述 ZJUT 多指灵巧手的对象辨识、抓持规划和试验验证。第 10 章介绍气动软体机器人的另一典型应用案例——软体机械臂，详细介绍长行程气动软体驱动器、多腔并联气动软体球关节及软体机械臂的设计、制造、建模与试验。

　　本书由浙江工业大学鲍官军、王志恒撰写。博士研究生马小龙以及硕士研究生朱李垚、盛士能、俞冰清等承担了本书的文字编排工作，是他们的共同努力才使得本书及时出版，在此表示感谢。本书的出版得到了国家自然科学基金项目(51775499)、浙江省省属高校基本科研业务费专项资金(RF-C2019004)和浙江工业大学研究生教材建设项目的资助，一并表示感谢。本书参考了大量国内外书籍和专业期刊、学术会议论文，在此表示感谢。

　　由于作者水平有限，书中难免存在不妥之处，恳请广大读者批评指正。

目　　录

第1章 软体机器人发展与应用概况

1.1 软体机器人发展历程及现状

机器人研究涉及机械工程、电气与电子工程、计算机科学、信息科学、仿生学、人工智能等多个学科领域。机器人真正进入人们生活始于 1939 年的美国纽约世博会，经过近一个世纪的研究和应用，机器人经历了从第一代工业机器人、第二代带有"感觉"的机器人到第三代智能机器人的发展过程。

1920 年，捷克斯洛伐克作家卡雷尔·恰佩克在他的科幻小说《罗萨姆的机器人万能公司》中创造出"Robot"(机器人)这个新词汇。

1939 年，纽约世博会上展出了美国西屋电气公司制造的家用机器人 Elektro。Elektro 可以通过电缆控制行走，且会说 77 个字。虽然 Elektro 离真正的家政服务应用还很遥远，但它让人们对家政服务机器人的憧憬变得更加具体化。

1942 年，美国科幻巨匠艾萨克·阿西莫夫提出了"机器人三定律"。虽然这只是科幻小说创作，但后来成为学术界默认的研发原则。

1948 年，诺伯特·维纳出版《控制论》，阐述了机器中的通信、控制机制与人的神经、感觉机能的共同规律，率先提出以计算机为核心的自动化工厂，为机器人的感知、通信、控制乃至智能化研究提供了基本范式和思路。

1954 年，美国人乔治·德沃尔制造出世界上第一个可编程的机械手，并申请了专利。这种机械手能按照不同的程序从事不同的工作，具有一定程度的通用性和灵活性。

1956 年，在被称为"人工智能的缘起"的达特茅斯会议上，马文·明斯基提出了对智能机器的看法：智能机器能够创建周围环境的抽象模型，如果遇到问题，能够从抽象模型中寻找解决方法。这个定义影响了智能机器人的研究方向。

1959 年，乔治·德沃尔与美国发明家约瑟夫·英格伯格联手制造出第一台工业机器人。随后，世界上第一家机器人制造工厂——Unimation 公司成立了。

1962 年，美国机械制造(AMF)公司生产出 Verstran 机器人(意思是万能搬运机器人)，与 Unimation 公司生产的 Unimate 机器人一样成为真正商业化的工业机器人，并出口到世界各国，掀起了全世界对机器人研究和应用的热潮。

1961~1965 年，研发人员开始将传感器应用于机器人以提高其可操作性。人们试着在机器人上安装各种各样的传感器，如 1961 年恩斯特所采用的触觉传感器、1962 年托莫维奇和博尼在世界上最早的"灵巧手"上采用的压力传感器,而 1963 年麦卡锡开始在机器人中加入视觉传感系统,并在 1965 年帮助麻省理工学院推出了世界上第一个带有视觉传感器、能识别并定位积木的机器人系统。

1965 年,约翰·霍普金斯大学应用物理实验室研制出 Beast 机器人。该机器人能通过声呐系统、光电管等装置,根据环境校正自己的位置。20 世纪 60 年代中期开始,麻省理工学院、斯坦福大学、爱丁堡大学等陆续成立了机器人实验室,美国兴起研究第二代带传感器、"有感觉"的机器人的热潮,并向人工智能进发。

1968 年,美国斯坦福研究所公布他们研发成功的机器人 Shakey。它带有视觉传感器,能根据人的指令发现并抓持积木,不过控制它的计算机有一个房间那么大。Shakey 可以算是世界上第一个智能机器人,它拉开了第三代机器人研发的序幕。

1969 年,日本早稻田大学加藤一郎实验室研发出第一个双脚行走机器人。在此机器人研究的基础上,催生出本田公司的 ASIMO 机器人和索尼公司的 QRIO 机器人。加藤一郎长期致力于研究仿人机器人,被誉为"仿人机器人之父"。

1973 年,美国辛辛那提·米拉克仑(Cincinnati Milacron)公司首次将机器人与小型计算机结合,诞生了 T3 机器人。

1978 年,美国 Unimation 公司推出通用工业机器人 PUMA,标志着工业机器人技术已经臻于成熟,该机器人至今仍然工作在工厂第一线。

1984 年,英格伯格推出新型机器人 Helpmate,它能在医院里为病人送饭、送药、送邮件。英格伯格预言,机器人可以实现擦地板、做饭、洗车、安全检查等功能。

1998 年,丹麦乐高公司推出机器人 Mind-storms 套件,让机器人制造变得像搭积木一样简单又能任意组合,机器人开始走入个人世界。

1999 年,日本索尼公司推出犬型机器人爱宝 AIBO,当即销售一空,从此娱乐机器人成为机器人迈进普通家庭的有效途径之一。

2002 年,iRobot 公司推出了吸尘器机器人 Roomba,它能避开障碍,自动设计行进路线,在电量不足时自动驶向充电座。Roomba 是目前世界上销量最大、最商业化的家用机器人之一。

2006 年 6 月,微软公司推出 Microsoft Robotics Studio 软件,机器人模块化、平台统一化的趋势越来越明显。

2010 年,Willow Garage 公司发布了开源的机器人操作系统(robot operating system, ROS)。该系统提供类似操作系统所具有的功能,包含硬件抽象描述、底层驱动程序管理、共用功能的执行、程序间的消息传递和程序发行包管理,它也提供一些工具程序和库用于获取、建立、编写、运行多机整合的程序。十余年来,

ROS 受到广大研究、开发和工程技术人员的热捧。

软体机器人的设计灵感来自广泛存在于自然界中的各种软体动物或动物的软体组织器官，因其主要材料为柔软材料，理论上具有无限自由度，并可以在一定限度内随意变化形态。与刚性机器人不同，软体机器人自身可连续变形，具有更高的柔顺性、安全性和适应性，在人机交互、环境适应、复杂易碎品的抓持操作和狭小空间作业等方面具有不可比拟的优势。软体机器人的发明开创了机器人研究的新领域，引起学术界和工业界的广泛关注和投入。

早在 20 世纪 50 年代，美国原子物理学家 McKibben 设计出最早的气动人工肌肉驱动器，并称之为 McKibben 型气动肌肉驱动器(pneumatic muscle actuator, PMA)，如图 1-1(a)所示。其内层为橡胶管，橡胶管外面用纤维编织网套住，两端用金属挟箍密封。当向橡胶管内部充入压缩气体时，随着内部气体压力上升，橡胶管沿径向膨胀，由于外层纤维编织网的约束作用，径向膨胀力变为轴向收缩力，其运动形式和力输出特性酷似生物肌肉。

20 世纪 80 年代，日本东芝公司开发出三自由度柔性微驱动器(flexible microactuator, FMA)，其内部设有三个互相独立的气室。控制通入三个气室的气体压力，可实现 FMA 的伸长、扭转、360°全向弯曲等动作形式。

1989 年，日本冈山大学研制了早期的软体机器人——小型柔性机械手，如图 1-1(b)所示。该机械手采用硅胶材料浇筑而成，使用压缩气体驱动，具有七个自由度，能够完成基本抓持动作。此后，冈山大学又先后研制了仿蠕虫自主推进式内窥镜(图 1-1(c))及气动蝠鲼(图 1-1(d))两种采用硅胶材料和气压驱动模式的软体机器人。

1991 年，日本东芝公司和横滨国立大学合作研发了一种三通道的纤维驱动器，如图 1-1(e)所示，该驱动器实现了伸长、弯曲和扭曲等基本动作，在工业抓持和腿式移动机器人上得到了很好的验证。

2007 年，美国国防部高级研究计划局提出了研究化学机器人 Chembots 的建议。如图 1-1(f)所示，Chembots 采用一种称为"阻塞"的新技术，可以通过增加密度实现类流体与固体之间的转换。

2009 年，弗吉尼亚理工学院 RoMeLa 实验室研制了仿阿米巴虫机器人 ChiMERA，如图 1-1(g)所示。该机器人采用电活性聚合物(electroactive polymer, EAP)皮肤覆盖在空心圆柱形基体表面，通过外部皮肤内翻、内部皮肤外翻实现运动。ChiMERA 是为数不多的采用化学驱动的软体机器人。

2009 年 2 月，"章鱼综合项目"(Octopus Integrating Project)启动。该项目由欧洲、以色列等地区和国家的实验室共同承担，经费约 1000 万欧元。至此，软体机器人逐渐成为机器人领域的研究热点。

(a) McKibben型PMA

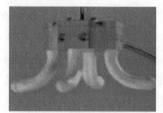

(b) 小型柔性机械手

(c) 仿蠕虫自主推进式内窥镜

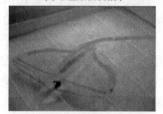

(d) 气动蝠鲼

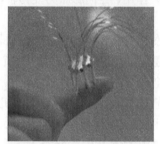

(e) 三通道的纤维驱动器

(f) 化学机器人Chembots

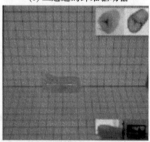

(g) 仿阿米巴虫机器人ChiMERA

(h) 仿生蝠鲼机器鱼

(i) 软体蠕虫移动机器人Meshworm

(j) 全软体机器人Octobot

图 1-1　软体机器人的发展历程

2011 年，弗吉尼亚大学研发了仿生蝠鲼机器鱼(图 1-1(h))，其通过离子交换聚合金属材料驱动，具有切换不同运动模式的能力。

2012 年，美国工程人员成功研发出一种名为 Meshworm 的模仿蠕虫移动的机器人，如图 1-1(i)所示。Meshworm 柔软身体本质上具有很大的应变能力，使其能穿过很小的缝隙或重组形状，并可以承受强大的冲击力。

2016 年，哈佛大学威斯生物启发工程研究所(Wyss Institute for Biologically Inspired Engineering)研究人员通过巧妙的设计，研发了世界首款能够自主移动的全软体机器人 Octobot(图 1-1(j))。Octobot 没有硬电子元件，没有电池或计算机芯片，不需要连接到计算机就可以自主移动。Octobot 实际上是一个气动机器人，为了让它可以移动，研究人员把过氧化氢液体泵入到机器人身体里的两个容器中；压力推动液体穿过机器人体内的管子，最终遇到一条铂线并与铂线发生催化反应，产生了气体；而气体膨胀并充入一个名为"微流体控制器"的小芯片里，它先把气体引入机器人一半的触手里，再引入另一半触手里，交替反复实现运动。

图 1-2 为软体机器人相关研究文献的年度分布图。从图中可以看出，软体机器人领域 SCI 年度发文量逐年增长。年度发文量从 2009 年开始增加，可能是由于"章鱼综合项目"等的启动引起了世界各国研究学者的关注，也可能与材料方面的突破有关。

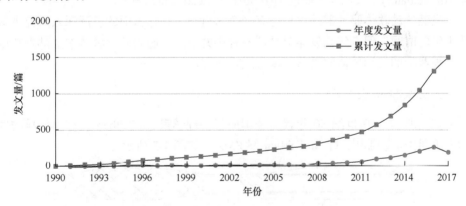

图 1-2 软体机器人领域 SCI 年度发文量统计

数据统计截止于 2017 年 5 月，故 2017 年的 SCI 发文量偏少

软体机器人是一个崭新的多学科交叉研究方向，跨学科的研究中还存在一系列技术难题有待攻克。未来软体机器人势必将融合更多先进技术，实现高柔软性、多功能化、高亲和度等性能特点，并吸引更多的研究人员和工程技术人员探索其基础理论和技术方法，以及在更多领域应用的潜能。

1.2　软体机器人分类

软体机器人的种类繁多、构型各异，很难从结构形式角度加以分类。就当前的研究和应用现状而言，软体机器人研发以各种新型智能材料的应用为主，结合由来已久的气压驱动型软体机器人，可以将软体机器人分为两大类，即气压驱动软体机器人和智能材料软体机器人。

1.2.1　气压驱动软体机器人

气压驱动软体机器人的基础和核心元件是气动软体驱动器。气动软体驱动器出现于 20 世纪 50 年代，但是当时并没有引起研究人员的关注。直到 20 世纪 90 年代，美国、日本、德国的大学和科研机构以及东芝公司、普利司通(Bridgestone)轮胎公司、费斯托(Festo)公司、Imagesco 公司、WestGroup 公司等开始进行有关气动软体驱动器的研究，取得了一定的成果，并实现了一些气动软体驱动器的商品化。国内在这一领域的研究工作开始于 20 世纪 90 年代末。目前在该研究领域出现的名称较多，如编织带人工肌肉(braided artificial muscle)、空气肌肉(air muscle)、橡胶驱动器(rubber actuator)、人工筋、柔性微驱动器(FMA)、柔性驱动器(soft actuator)、人工橡胶驱动器(rubber artificial actuator)等。

虽然气动软体驱动器的出现已有半个多世纪，在这方面的广泛深入研究也有几十年的时间，但是气动软体驱动器的种类并不多，国内外学者基本上都是在以下几种典型的气动软体驱动器基础上进行研究的。

1. McKibben 型 PMA

如前所述，20 世纪 50 年代，美国原子物理学家 McKibben 设计出最早的气动人工肌肉驱动器[1]，即 McKibben 型 PMA，如图 1-3 所示。

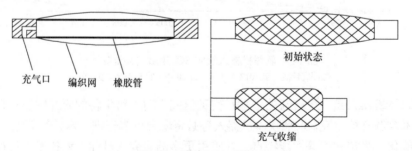

图 1-3　McKibben 型 PMA

Chou 和 Hannaford[2,3]详细地研究了 McKibben 型气动肌肉的静态特性。他们基于能量守恒定律推导了 McKibben 型气动肌肉的静态模型，并选用不同参数结构的气动肌肉进行静态特性测试，探明了气动肌肉的非线性及迟滞特性，给出了简化的静态模型；将 McKibben 型气动肌肉与生物肌肉进行对比分析，发现两者在力-长度特性上的相似性和力-速度特性上的差异性。Tsagarakis 和 Caldwell[4]、Colbrunn 等[5]以及国内相关学者也对 McKibben 型气动肌肉的建模问题进行了研究，用不同方法建立其数学模型。

在控制方面，Caldwell 等[6]提出了基于反馈比例积分微分(PID)调节器的适应控制算法；Cai 和 Yamaura[7]研究了滑模控制在 PMA 控制中的应用；Osuka 等[8]采用 H_∞ 控制器控制驱动器 Rubbertuator，这个气动肌肉具有高度的非线性，经过一些简单的试验验证了这个控制方法的有效性；Hamerlain[9]应用变结构控制方法对气动肌肉进行研究。

日本普利司通轮胎公司生产的驱动器 Rubbertuator[10]、德国费斯托公司生产的人工肌肉 Fluidic Muscle[11]以及英国影子机器人(Shadow Robot)公司生产的 Shadow Air Muscle[12]等气动柔性驱动器的构造原理与 McKibben 型气动肌肉极其相似，并且其运动和动力特性也基本相同。

2. 三自由度柔性微驱动器

20 世纪 80 年代，日本东芝公司开发出三自由度 FMA[13]，如图 1-4 所示。其主要部分为硅橡胶制成的橡胶管，橡胶管芯部均匀分布三个气室，橡胶管外壁内设置尼龙纤维以强化横向变形约束，两端由两个端盖封住，由通气管从一端分别把橡胶管内部的三个气室与外界相通。图 1-4 中，α 为尼龙纤维走向与圆周方向的夹角。当 $\alpha=0°$ 时，这种类型的 FMA 具有三个自由度，若充入三个气室的气体压力相同，整个驱动器会沿着轴向伸长；若充入三个气室的气体压力不等，整个驱动器会发生弯曲偏转，调整三个气室的气体压力可以使得驱动器向任意方向弯曲。

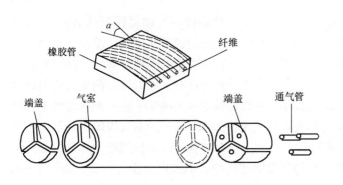
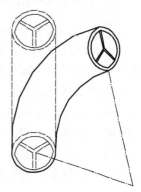

图 1-4　东芝公司的三自由度 FMA

当 $\alpha \neq 0°(5° \leqslant \alpha \leqslant 20°)$ 时，向三个气室内充入压缩气体，FMA 除了具有伸长、偏转、弯曲等运动形式外，还可以绕中心轴做旋转运动。Suzumori 等[14]基于微元弹性变形理论分析了这种 FMA 的静态特性和动态特性。

东芝公司研制的三自由度 FMA 尺寸很小，最小的可以做到直径 1mm。在这样小的结构里设置三个气室、嵌入尼龙纤维，加工工艺相当复杂、技术难度高、成本昂贵。为此，Suzumori 等[14]在 20 世纪 90 年代提出了没有加强尼龙纤维的三自由度 FMA，并进行了仿真和试验研究，结果发现在没有尼龙纤维加强的情况下，FMA 在充气时会有很大的膨胀变形，如图 1-5 所示。在实际应用中径向膨胀变形过大，轴向变形小，与所建模型不符。

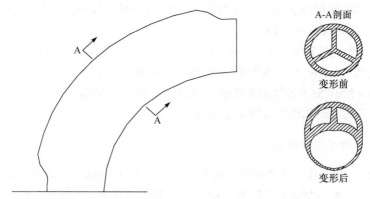

图 1-5　没有尼龙纤维的气动驱动器变形图

日本冈山大学 Tanaka 等[15]研制了一种类似于三自由度 FMA 的气动柔性手指(grasping finger)。该手指也是由橡胶管和周向的约束纤维构成的，不同的是橡胶管内部仅有一个气室，在橡胶管一侧多了一条约束纤维。

3. 旋转型气动柔性驱动器

日本冈山大学 Noritsugu 等[16]开发了一种旋转型气动柔性驱动器(pneumatic rotary soft actuator)，其结构如图 1-6 所示。这种旋转型气动柔性驱动器由两个边板和中间的可伸缩部分组成，如图 1-6(a)所示。这些组成部分皆由硅橡胶制成，其中可伸缩部分厚度为 0.5mm，在其内部沿径向设有加强纤维；两侧的边板厚度为 3mm，在驱动器充气运动过程中，可以保持原状不变形，在一侧的边板上连接通气管，以便控制驱动器内部气体的进出，如图 1-6(b)所示。当向驱动器内部充入压缩气体时，边板由于厚度较大不会变形，加强纤维的作用使得可伸缩部分不会发生径向膨胀，所以整个驱动器会围绕其中心轴线发生旋转运动，如图 1-6(c)所示。

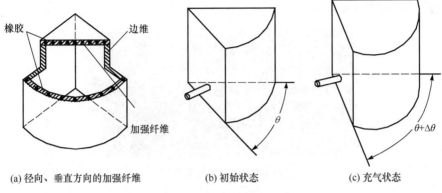

(a) 径向、垂直方向的加强纤维　　　(b) 初始状态　　　(c) 充气状态

图 1-6　旋转型气动柔性驱动器

Noritsugu 等[16]详细研究了旋转型气动柔性驱动器的各种特性，如压力-输出转矩关系、静态特性和动态特性。由于硅橡胶的黏弹性和嵌在可伸缩部分中加强纤维的作用，驱动器在充气过程中存在一定的滞后和死区，例如在内部气体压力达到 5kPa 之前，驱动器几乎不会发生旋转；相应地，驱动器对于给定的旋转角度的响应类似于一阶滞后系统。

4. 柔性流体驱动器

德国卡尔斯鲁厄(Karlsruhe)计算机科学应用研究中心研制的柔性流体驱动器[17](flexible fluidic actuator)，如图 1-7(a)所示，它利用一个气囊和两个夹板组成一个关节驱动器，两个夹板形成一个铰链。充入压缩气体(或者液体)时，气囊膨胀鼓起，将两侧的夹板推开一定的角度，实现关节的驱动动作，如图 1-7(b)所示。该中心的研究人员详细分析了柔性流体驱动器的数学模型，利用这种驱动器成功研制了灵巧手。

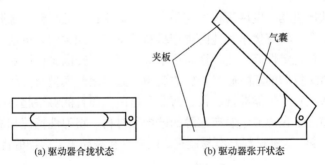

(a) 驱动器合拢状态　　　(b) 驱动器张开状态

图 1-7　柔性流体驱动器

5. 新型气动柔性驱动器

浙江工业大学提出了一种新型的气动柔性驱动器(flexible pneumatic actuator,

FPA)[18,19]，如图 1-8 所示。

图 1-8　气动柔性驱动器

　　气动柔性驱动器主要部分是弹性橡胶管，橡胶管壁内嵌有螺旋缠绕的弹簧，以限制橡胶管的径向膨胀和增加刚度；橡胶管两端由端盖和强力胶密封；在一侧的端盖上连接管接头，压缩气体可以由此进出驱动器内腔。当向气动柔性驱动器内腔充入压缩气体时，由于弹簧的约束作用，弹性橡胶管仅可以沿轴向膨胀变形，整个驱动器表现为轴向伸长；释放气动柔性驱动器内腔的压缩气体，由于橡胶管和弹簧的弹性作用，驱动器恢复到初始状态。

　　上述气动软体驱动器以及目前正处于研发阶段的各种新型气动软体驱动器是气压驱动软体机器人的核心部件，甚至在某些应用中直接构成气压驱动软体机器人的本体或其主要部分，如模拟尺蠖、象鼻、章鱼、水母等的仿生柔性软体机器人。气动软体驱动器为气压驱动软体机器人提供了基本的驱动乃至驱动传动一体化的基础原件。

1.2.2　智能材料软体机器人

1. 新型复合硅胶软体机器人

　　橡胶是软体机器人发展历程中使用最早且运用最广的材料。橡胶的化学成分和物质构造，令其具有优于其他同类型材料的特点，即柔软且可连续弹性变形、吸附能力强、热稳定性好、化学性质稳定等。例如，美国哥伦比亚大学的工程师研发了一种 3D 打印的乙醇硅橡胶软体肌肉，抛弃之前模型所使用的外部压缩器或者高压设备，它不仅能够推、拉、弯曲和扭曲，而且能够举起自身千倍重的物体。研究者使用了在微泡中遍布乙醇的硅橡胶材料，将弹性特性和极端体积变化属性组合在一起，这种材料具有易制造、低成本和对环境无污染的优点，如图 1-9所示。

2. 形状记忆合金驱动软体机器人

　　形状记忆合金(shape memory alloys, SMA)是一种具有形状记忆效应的智能材

(a) 充气前
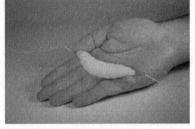
(b) 充气后

图 1-9　3D 打印的乙醇硅橡胶软体肌肉

料，可以在一定条件下改变自身形状和机械性能。当 SMA 正在冷却或存在力载荷时，它将从高温奥氏体变成低温马氏体，其原始晶格结构被破坏而发生变形；当处于加热状态时，它又能消除低温状态下产生的变形，恢复原始形状，变形过程中对外输出力和位移。SMA 具有质量小、功率大、驱动结构简单、响应速度快、无噪声等特点，受到研究者的广泛关注。1992 年，Boyd 等[20]首次提出将 SMA 作为驱动器材料，之后相继出现了基于 SMA 的各种类型驱动器。2009 年，Shibata 等[21]提出了一种可爬行的 SMA 驱动软体硅胶线管型机器人，如图 1-10 所示。后来，麻省理工学院研制的仿蚯蚓蠕动的软体机器人 Meshworm(图 1-11(a))，塔夫茨大学的 Trimmer 等研制的类毛毛虫爬行机器人 GoQBot(图 1-11(b))，以及中国科学技术大学研制的海星机器人(图 1-11(c))等，都是采用 SMA 弹簧作为驱动的。

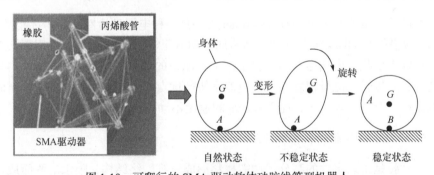

图 1-10　可爬行的 SMA 驱动软体硅胶线管型机器人

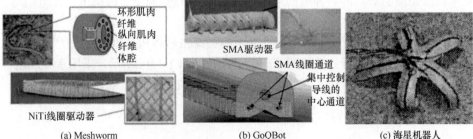
(a) Meshworm　　　(b) GoQBot　　　(c) 海星机器人

图 1-11　SMA 驱动软体机器人

3. 离子交换聚合金属材料驱动软体机器人

离子交换聚合金属材料(ion-exchange polymer metal composite, IPMC)是一种电致变形的智能材料(离子型)，具有驱动电压低(小于 3V)、响应速度快(在水中频率大于 10Hz)、功耗低、密度小、柔韧性好等优点。例如，IPMC 是软体机器人的一种优质材料，可以广泛应用于智能材料机器人的驱动器中。图 1-12 为弗吉尼亚理工大学开发的机器水母。

图 1-12　机器水母

4. 电场活化聚合物软体机器人

电场活化聚合物(dielectric elastomer, DE)是一种电子型活性聚合物智能材料。在 DE 薄膜的两侧覆盖柔性电极，当施加驱动电压时，DE 在电场力作用下其形状和体积发生变化，电场撤除后又自主恢复到原来的形状和体积。DE 材料具有柔顺性好、质量轻、能量密度大、响应速度快的优点。浙江大学基于 DE 材料研制的机器鱼，全身柔软无骨，能以 6cm/s 的速度不动声色地畅游 3h。

5. 响应水凝胶驱动软体机器人

水凝胶是由亲水性的高分子功能材料形成三维网络结构，吸水溶胀而成。响应水凝胶是指能够对外界环境的某种物理现象变化(如温度、酸碱度、光电信号、化学成分等)产生响应性变化的水凝胶。

Nakamaru 等[21]研发了一种外形简单的类蠕虫软体机器人，它在无驱动和刺激的情况下，通过自身的振荡即可产生运动，如图 1-13(a)所示。采用水凝胶制作机器人的驱动足，还可以实现软体机器人的双足独立控制，如图 1-13(b)所示。

6. 基于阻塞原理的软体机器人

阻塞原理是利用颗粒状物质在负压或真空状态下因大气压力挤压形成的致密

疏松结构及颗粒间的相互作用力而形成刚度调控。在常压状态下，颗粒状物质是"一盘散沙"，当施加负压或真空时，由于外界大气压力的作用，颗粒状物质会抱团挤压形成具有一定刚度的形状并保持。采用这种原理的软体机器人也是基于气压驱动和橡胶材料设计的，在需要增大刚度的位置设置颗粒物质容腔即可实现阻塞控制。

(a) 蠕虫软体机器人　　　　　　　　(b) 双足机器人

图 1-13　水凝胶软体机器人

1.3　软体机器人应用领域

随着机器人应用领域的继续扩大，医疗保健、复杂地形勘探、救援救灾、太空深海等特殊领域对机器人提出了更加严苛的要求，能够适应非结构化环境的特殊机器人成为科学界的研究热点。软体机器人较少甚至完全不使用传统刚性材料，而是采用流体、凝胶、形状记忆聚合物等可变形材料，这种材料表现出与软体生物类似的弹性和可变形性质，可以承受大应变，允许机器人在各种不同环境下通过机体的主动变形改变其原有的形态结构和尺寸，以适应多变的环境或进行特定操作。

1.3.1　仿生机器人

生物体软组织结构的研究推进了软体机器人的发展，而软体机器人关键技术的突破又促进了仿生机器人，特别是仿生软体机器人的发展。软体机器人具有类生物体的组织结构，可以实现类生物体的弯曲、伸长、卷曲等高柔顺、高冗余的复杂运动。相比刚性仿生机器人，软体仿生机器人能够更好地模拟生物运动学和生物力学的特性。例如，通过对章鱼触手的肌肉性静水骨骼结构和运动特性的研究，研究人员研发了仿生章鱼臂，基本复现了生物触手的伸缩和弯曲动作。对章鱼多触手协调和分工作业的研究，为章鱼机器人的水下作业提供了很好的控制策略，使机器人可以像章鱼一样通过多臂协调在水下自如行走和抓捕物体。利用超弹性材料加工的软体尾鳍，在保证类生物体柔软结构的同时，可以完成生物鱼的转弯和快速游动，为揭示鱼类游动机理提供了更真实的机器人平台。同样，仿毛毛虫的 GoQBot 机器人(图 1-11(b))，很好地模拟了毛毛虫瞬间卷曲跳跃的特性。

　　在地震、洪水等自然灾害发生，或遇到悬崖、岩洞、海底等复杂未知环境时，用机器人代替人类工作就显得十分必要。传统的刚体或超冗余度机器人对复杂环境的适应能力不足以承担日趋精细的勘探任务，而软体机器人可以利用自身柔软、弯曲程度高、自由度大等优势很好地适应不同的复杂环境，承担起勘探、救援、侦查等工作。软体机器人多用超弹性硅胶材料，抗冲击性较好且驱动简单，与刚性机器人相比，更适合在野外极端环境下作业。软体机器人自身可连续变形，具有无限自由度，既可以与障碍物相容，也可以改变自身的运动模式，在地震救援、军事勘察等空间受限的非结构环境下作业具有不可比拟的优势。例如，一种软体可变形机器人(图 1-14)可以通过爬行、跳跃等方式在崎岖的地形中轻松自如地移动。此外，利用内燃爆炸驱动的方式，机器人可以不受限制地跳跃通过各种障碍。在水下，柔软的尾鳍可以推进机器鱼像鱼一样潜水、摆尾、游动，进而完成水底勘探、搜寻等工作。而仿生章鱼机器人运用仿生学原理，可以通过狭小的通道并利用非结构化的触手在曲折的地面前进或做出抓持动作。此外，斯坦福大学研发了一款新的软体机器人 Vine-link(图 1-15)，此机器人全身由薄的软塑料包裹而成，形成类似于管状的躯体，且有部分向内折叠。通过固定端往机器人的躯体内注入压缩空气，采用流体驱动的方式将内部折叠部分展开膨胀，致使躯体延伸并按照设定方向前进。在研究人员公布的资料中，Vine-link机器人可以顶起 100kg 的木箱，以各种蜿蜒曲折的姿态通过不同的障碍物，并可以承受火焰的高温。在 Vine-link 机器人顶端安装摄像头，可以通过实时的画面传输获取机器人所在环境信息，配合机器人柔软躯体带来的灵敏性，完成相应勘探或救援任务。可以预期，在未来勘探救援领域，软体机器人可发挥重要作用。

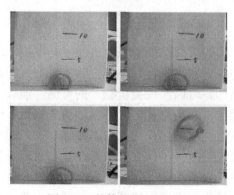

图 1-14　软体可变形机器人

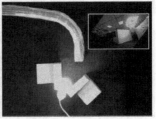

图 1-15　Vine-link 机器人

1.3.2　抓持末端执行器

物体抓持一直是机器人研究的难点。相比刚性抓持器，软体抓持器安全性高、成本低、结构和控制简单，并且不需要复杂的反馈技术就能抓持各种形状、大小、易碎的物体。软体机器人具有与生俱来的适应性和安全性，可以根据物体的形状和大小改变自己的形态从而很好地包覆物体，因此在形状不规则物体，特别是易碎物品的抓持上具有无可比拟的优势，这方面的优势已经在基于"颗粒阻塞原理"的通用抓持器上得到了很好的展示。利用超弹性材料制成的气动软体抓持器和灵巧手，也是软体机器人在抓持方面很好的尝试。因此，软体机器人在物体抓持上具有更高的应用可能性和更好的前景预期。图 1-16 为软体手在操作物体中的典型应用，图(a)和(b)分别显示软体手抓持柔软物品和易碎物体，图(c)和(d)分别显示仿人形的软体五指手和软体手，具有较高的灵活性。

(a) 软体手抓持柔软物品　　　　　　　(b) 软体手抓持易碎物品

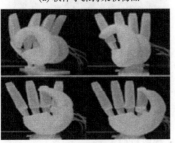

(c) 仿人形软体五指手　　　　　　　　(d) 仿人形软体手

图 1-16　软体手的典型应用

1.3.3 医疗手术、康复机器人

目前，中国正逐步进入老龄化社会，加上社会经济的稳步发展，大众对于服务、医疗康复机器人的需求日益增长，而软体机器人作为此类型机器人中的佼佼者，在人机交互和康复领域有着广泛的应用前景，更应受到更加广泛的关注。

相比于传统刚性机器人，软体机器人柔软的机体使其可以更高效、安全地与人体进行交互。如同人体灵活的躯干与肌肉，软体机器人柔软的机体、弯曲的形态和不规则的表面令其在不同环境中能够更为灵活地运动。因此，将软体机器人与可穿戴设备结合可以帮助特殊人群完成相应的日常活动或康复运动。哈佛大学的软体机器人手套(图 1-17)利用软体驱动器组成的模压弹性腔与纤维增强，诱导特定的弯曲，能够使肌肉或者神经受损的患者独立抓握物体。研究者对这些软体驱动器进行机械编程，以匹配和支持使用者个别手指的精确运动。与此相似的还有拇指柔性康复手套。除小型穿戴设备外，还出现了步态协助软体外骨骼机器人Exosuit(图 1-18)这样覆盖全身的大型可穿戴设备。它可以像衣服一样穿戴在身上，最大限度地减少与穿戴者的相互干涉，对穿戴者起到辅助作用。

图 1-17 软体机器人手套

图 1-18 步态协助软体外骨骼机器人 Exosuit

　　软体机器人天生具有与生物体的自然组织兼容的优势。微创外科手术(minimally invasive surgery, MIS)为软体机器人提供了另一个展现优势的舞台。软体机器人能够突破传统微创外科手术方法的局限，如低自由度的操作设备给手术带来的限制。伦敦大学研制的刚度可控的章鱼状 MIS 机器人手臂(图 1-19)运用了仿生学原理，根据手臂机械性能的需要通过控制机械手臂的刚度更好地配合手术，其柔软的材质可将手术的伤害降到最低。此外，哈佛大学研发的气动人工心脏(图 1-20)、冈山大学研发的仿蠕虫自主推进式内窥镜(图 1-21)可用于检查病人身体内部情况，这种柔软的内窥镜对人体伤害极小。在手术室中，机器人系统广泛运用于软、硬组织手术，软体机器人依靠自身的优势特性，能够有效地辅助外科医生的实际操作，使得手术更加精确、伤口更小、流血更少，术后恢复所需时间更短。

图 1-19　刚度可控的章鱼状 MIS 机器人手臂

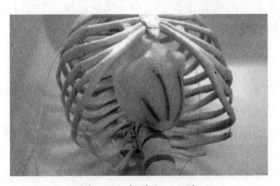

图 1-20　气动人工心脏

图 1-21　仿蠕虫自主推进式内窥镜

1.4　软体机器人关键技术

1.4.1　智能材料

如前所述，目前软体机器人研发采用的材料主要为橡胶、SMA、IPMC、DE、水凝胶等。虽然这些材料可以实现软体机器人的柔顺性、适应性和安全性等性能，但是在实用性、智能性、仿生性乃至寿命等方面仍然有待进一步的深入研究与开发。

一方面，现有的软体机器人材料结构需要进一步的改善，性能需要得到提升。例如，进一步提升橡胶材料的大变形特性，利用橡胶类材料加工出小型化、细径化的驱动器，提高软体驱动器的寿命，提高材料的抗老化、氧化性能，研究各向可控异形异性配方、机理和设计方法等；研究电致驱动类材料的能源供给和便携性、形性演变及解耦控制、仿生结构和性能等。

另一方面，软体机器人在出现伊始就被广泛认为是仿生机器人研究的重要突破口。为了达到从外观结构到内部组织机构、驱动传动原理、能源供给等深层次的仿生，软体机器人还需要更为先进的智能材料。仿生是软体机器人的一大优势和设计灵感的来源，而生物体的组织结构复杂、材料特性多样，并且互相嵌套、互为支撑，在运动和工作中各种组织和材料之间紧密耦合、共同完成预定的目标任务，这是现有的人造机构和设备在结构上无法比拟、性能上无法企及的，仿生结构、功能原理的实现也需要依赖智能材料的研发和支撑。

1.4.2　驱动技术

软体机器人的驱动大致可以分为三种，即基于线缆柔索的驱动、基于流体的变压驱动和基于智能材料变形的驱动。

基于线缆柔索的驱动在传统柔性机器人和欠驱动机器人中被广泛应用，其基本原理是将线缆或柔索一端固定在机器人的驱动位置，通过在另一端拉动线缆使本体产生运动。部分学者将这种驱动方式用于软体机器人，特别是仿象鼻、章鱼触手等长臂式软体机器人。其缺点是线缆由电动机和传动机构驱动，驱动系统复杂庞大，很难小型化和集成化。

现阶段的研究中，气动驱动被广泛用作软体机器人驱动。原因是空气具有来源广、可压缩、质量轻、无污染等优势。然而，由于气压和流量随时间呈非线性变化，气压驱动机器人的实时精确控制相当困难，需要建立精准的数学模型并设计合适的控制算法。在最新研究的多腔驱动方式下，数学模型变得尤其复杂化，目前尚没有很好的数学模型来描述多腔软体驱动器的变形方向与输出力。

基于智能材料变形的驱动是正在研究的一个新方向。将智能材料当作机器人本体中的一部分，通过对智能材料在场效应作用的控制(如电场、磁场和热场)使之发生变形，可以实现对软体机器人的驱动本体一体化的设计。可以预期，基于智能材料变形的驱动将会成为软体机器人的主要驱动形式。

1.4.3　制造技术

一个设备或部件要想发挥出其最佳性能，材料只是第一步，还需要有与之配套的制造技术把它加工成预期的结构形状。目前，气动肌肉已经产业化，其加工工艺也较为成熟，可以应用于实际生产生活。

软体机器人研究领域普遍采用的加工工艺是形状沉积制造(shape deposition manufacturing, SDM)、软体平版印刷和失蜡制造，这三种工艺适用于加工比较复杂的 2D 或 2.5D 内部腔道。但是这些工艺加工工序较多，周期较长且使用材料单一，很难加工结构更为复杂的软体机器人。

3D 打印技术的发展为软体机器人提供了更高效快捷的加工方法。目前，多种材料 3D 打印技术已经实现，可以将多种材料进行组合，使软体部件发挥出更优性能。新的适用于 3D 打印材料的不断出现，复杂三维腔道的软体机器人加工也成为可能。例如，利用石蜡直接将三维腔道打印出来后进行加工，采用易挥发材料通过嵌入式打印直接填充硅胶内部三维腔道，待硅胶凝固后加热挥发。随着对材料和相关打印技术的不断研究，利用 3D 打印技术直接打印驱动传感一体化的软体机器人也将成为可能。

1.4.4　传感技术

软体机器人自身柔顺可变形，不但要求传感器具有高精度、高带宽，而且不能影响机器人本体的变形和力学响应性能，这使得传统的编码器、电位计、应变计等传感器很难得到应用，急需开发新型的相容性好、可嵌入的传感器技术。目前商用柔性传感器，如 FlexSensor、Flexiforce、Bend Sensor、Stretch Sense 等，均基于导电材料在应变作用下电阻或电容变化的原理。这些传感器自身具备一定的柔性，嵌入硅胶本体后可以用来测弯曲、拉伸、应力等信息。但这些传感器的弹性模量一般比硅胶材料大，对软体机器人自身的运动会造成一定的影响，并且型号固定，不可裁减或定制。为了使传感器更好地适应软体机器人的需求，研究人员在新的材料和加工工艺上进行了探索。例如，将导电液体注入硅胶本体的微腔道，本体变形时内部腔道发生变化，从而改变导电液体的电阻。通过改变内部腔道的排布方式，可以测量轴向应变、压力、弯曲等信息。另外，也可以利用霍尔效应将微型磁铁和霍尔元件分别嵌入软体机器人本体的不同部分，根据磁场强度的变化来检测机器人的弯曲曲率。

1.4.5　建模与控制技术

软体机器人的运动学不同于传统的机器人，软体机器人变形连续且自由度高度冗余，对于它们的运动学描述只能采用连续体方程。基于软体机器人变形后各部分曲率恒定或者分段恒定的假设，在传统串联机器人 D-H 变换的基础上研究出一套分段常曲率(piecewise constant curvature, PCC)理论模型。该模型用长度、曲率和偏转角来描述一条曲线在构型空间下的位姿，通过改进的 D-H 变换将曲线末端点映射到工作空间中，给出了从构型空间变换到工作空间的通用齐次矩阵，从软体机器人的驱动空间到构型空间的映射因机器人本体的结构而异。PCC 理论模型只适用于固定曲率的运动学求解，对于变曲率的软体机器人运动学问题，需要尝试新的方法，如将软体机器人分为多段，并假设每段近似曲率恒定。对于流体驱动弹性体和纤维增强致动器等超弹性材料软体机器人，因其本构关系比较复杂，多采用有限元分析来研究几何参数对运动学的影响。从变形前后的几何关系来分析其变形机理，虽然计算量大，但也不失为一种有益的尝试。

1.5　气动软体机器人发展及应用

气动软体机器人最早可以追溯到 20 世纪 60 年代末期的蛇形机器人。这类超冗余度机器人采用一系列紧密排列的关节模拟蛇脊柱的运动。例如，1965 年，斯坦福大学 Scheinman 和 Leifer 研发的机器人 ORM[22]。该机器人由 28 个气囊、7个金属盘组成，如图 1-22 所示。1967 年，Anderson 和 Horn[23]共同研发了用于海底作业的肌腱驱动机器人，如图 1-23 所示。该机器人由一系列以万向节连接的板组成，板上有一系列对齐的孔。穿过这些孔，肌腱将每块板与底座装置相连。但在当时，该类机器人负载能力低、位置精度差，运动学和动力学等理论基础相对欠缺，未得到充分的研究与开发利用。

图 1-22　机器人 ORM

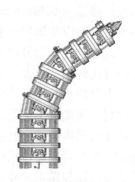

图 1-23　肌腱驱动机器人

　　20 世纪 90 年代，连续型气动软体机器人的研究有了显著的进展。在此期间，连续型气动软体机器人在工业、医学和教育领域得到了更多的关注。1992 年，Suzumori 等[24]开发了小型化的连续机器人，用于机器人仿人手指设计，并设计了四指柔性手爪，如图 1-24 所示。其四个仿人手指可以任意弯曲、偏转，动作灵活，但是控制较为复杂，负载能力较低。

　　1994 年，Takahashi 等[25]设计了管道微型机器人，如图 1-25 所示。该机器人有三个运动单元，每个单元由 FMA、两个金属盘和四个突触组成，且基于蚯蚓蠕动原理开发。该机器人可实现以 2.2mm/s 的速度前后蠕动。

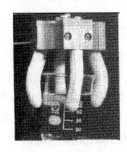

图 1-24　四指柔性手爪

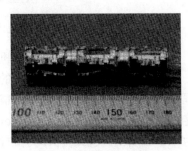

图 1-25　管道微型机器人

　　1995 年，Immega 和 Antonelli[26]设计制作了 KSI 触手型机械手，如图 1-26 所示。该机械手主要由气囊、伺服电机、六根绳索组成，具有 6～7 个自由度，可在三维空间内实现各个方向的弯曲，并能伸长到 5 倍于自身长度。

　　1999 年，Lane 等[27]研发了水下灵巧手 AMADEUS，如图 1-27 所示。该灵巧手包含力与滑觉传感器，由三个手指组成，每个手指均为三个液压驱动的触手组成。同年，Cieslak 和 Morecki[28]针对基于流体膨胀型材料的象鼻形弹性操作手的关键结构设计进行了研究，如图 1-28 所示。该类操作手剖面结构有 X 形、K 形和 T 形三类可选。

图 1-26　KSI 触手型机械手

图 1-27　水下灵巧手 AMADEUS

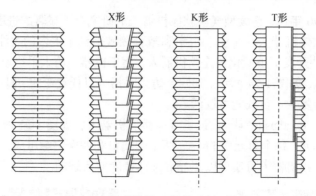

图 1-28　流体膨胀型操作手剖面结构

　　21 世纪初，连续型气动软体机器人的设计、建模及应用等取得了巨大的发展。其中，Walker 团队做了大量的基础研究工作，奠定了该类软体机器人的理论框架[29-31]，研制了多种连续型气动软体机器人。2005 年，McMahan 等[32]研制了连续型气动软体机器人 Air-Octor，如图 1-29 所示。该机器人总长 50cm，直径为 10cm，采用气动结构作为支撑，由三根绳索及气动支撑结构内部气压控制其弯曲及伸长等运动。

　　2006 年，Jones 等研制了一种仿章鱼触手的连续型气动软体机器人 OctArm，如图 1-30 所示[33-35]。该机器人采用气动人工肌肉作为驱动器，总长 110cm，可分为 4 段，每段由 3~6 个 PMA 驱动，可实现 2 自由度的弯曲，整个机器人共有 12 个自由度，可实现复杂形状物体抓持，并在复杂环境中具有较强的导航与避障能力。2007 年，Neppalli 和 Jones[36]结合 Air-Octor 机器人的简洁和 OctArm 机器人的敏捷特点，设计制作了结构简单且高效的新型连续气动软体机器人，如图 1-31 所示。该机器人以乳胶管作为中心构件，并在圆周上以 120°均布三条绳索，作为驱动机构，实现其弯曲运动。

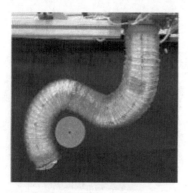

图 1-29　Air-Octor 机器人

图 1-30　OctArm 机器人

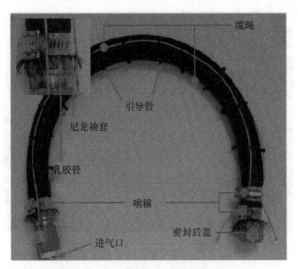

图 1-31　新型连续气动软体机器人

2009 年，Chen 等[37]研制了一种单段连续型机器人 Clobot，如图 1-32 所示。该机器人外径为 17mm，内径为 8mm，由硅橡胶材料制作而成，采用气压驱动。其内部圆周上均布六个通道，其中三个为主动驱动通道，另三个为被动通道。伺服阀通过主动通道驱动机器人，实现 2 自由度弯曲运动。当 Clobot 机器人在 0.2MPa气压下驱动时，可实现 120°任意方向的弯曲。

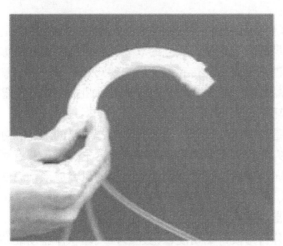

图 1-32　单段连续型机器人 Clobot

2011 年，德国费斯托公司根据大象鼻子的特点设计出新型仿生操作助手[38]，如图 1-33 所示。它可以平稳地搬运负载，原理在于它的每一节椎骨可以通过气囊的压缩和充气进行扩展和收缩。

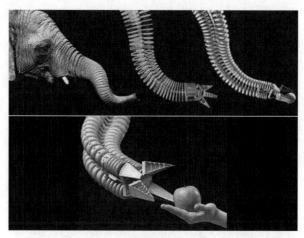

图 1-33　仿生操作助手

此后，科研人员和工程技术人员在上述气动软体机器人的基础上，根据实际需求，进行了驱动器结构、机器人结构、驱动原理、驱动组合等多种形式的改进、改型设计和应用探索，使得气动软体机器人成为当前阶段最有可能付诸工程化应用的软体机器人。

1.6　本书主要内容

机器人是一门年轻的学科，特别是软体机器人，更是新兴的学科。重新审视千万年来人类自身的发展进化，我们的双手、双足已经进化到如今这样灵巧、协调的程度，皮肤进化出众多的传感系统用来感知外界环境的信息。对于这些内容的研究具有深远的意义，可指导我们更好地设计机械结构、机器人的传感系统，并更好地进行灵巧控制。

本书第 1 章是对历年来软体机器人科研工作成果的综述和分析，为读者提供初步的软体机器人知识概念和体系。除本章外，本书另外 9 章对气动软体机器人进行详细论述，向读者展示了作者团队十余年的研究成果。第 2～10 章的编排思路是按照从结构、数学模型到实际应用的一条主线进行的，这也是开展软体机器人研究与开发的常规技术路线。图 1-34 为本书的框架结构。

首先从理论分析与设计的角度，论述各种气动软体驱动的结构与设计，对驱动器的理论建模和仿真分析过程，理论分析是实际应用的基础条件；然后将理论分析结果应用于气动软体末端执行器、手部康复器、刚柔耦合的多指灵巧手设计，试验结果表明这些设计具有明显的应用价值；接着介绍 ZJUT 多指灵巧手的结构设计、位置传感系统、力/力矩传感系统、触觉传感系统、数学建模、手指力的控制策略、多指灵巧手的对象辨识与抓持规划；最后介绍长行程气动软体驱动器、多腔并联气动软体球关节以及软体机械臂的设计、制造、建模与试验。

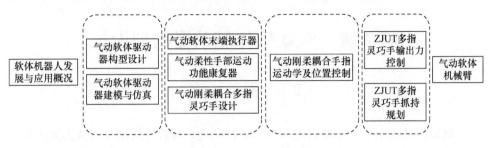

图 1-34　本书的框架结构

第 2 章　气动软体驱动器构型设计

2.1　引　言

软体机器人由于其本体材料和结构的特殊性，有着传统刚性机器人无法具备的柔顺性、目标和环境适应性等优点。也正是因为软体机器人采用了硅胶等柔软的材料和特殊结构设计，传统的电机、气缸等驱动器难以对其直接驱动。因此，面向软体机器人的新型驱动器研发成为该类机器人研究的首要任务。在科研人员和工程技术人员的长期努力下，各种特殊结构的软体驱动结构被相继提出并制造出样机以用于软体机器人，如第 1 章描述的气动软体驱动器、SMA 驱动器、IPMC 驱动器、DE 驱动器和响应水凝胶驱动器等。本章将对气动软体驱动器的结构进行系统的介绍。

2.2　形约束型驱动器

日本冈山大学设计了一种微型气动软体驱动器[39]，在驱动器的中间层两侧设置线性阵列式驱动单元体，当向各个单元体内充入正压气体或负压气体时，每个驱动单元体发生膨胀或收缩。邻近单元体互相挤压或牵引，形成正反双向弯曲运动，如图 2-1 所示。该驱动器直径只有 400μm[40]，主要材料是具有非线性特性的硅橡胶，采用三阶 Mooney-Rivlin 函数对其建模和控制[41]，制作了一个由三指构成的柔性手。

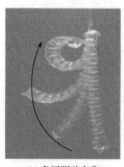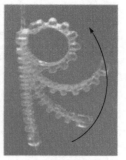

(a) 负压驱动弯曲　　　　　(b) 正压驱动弯曲

图 2-1　微型气动软体驱动器

常见的一体式驱动腔在大变形时因产生较大的弹性内力而需要很大的驱动气压才能抵消，而这种线性阵列式驱动单元的新型结构设计克服了这个问题，在较小的气压作用下即可产生很大范围的弯曲动作，因此后续众多的气压驱动结构都是在该种结构的基础上进行了拓展。例如，哈佛大学 Mosadegh 团队利用硅橡胶材料制造的可由气压快速驱动的 Pneu-Net 软体驱动器就是采用线性阵列式驱动单元结构[42]，如图 2-2 所示。不同之处在于该驱动器由具有不同伸展性的双层材料层叠而成，驱动层采用 Ecoflex 材料，可延展性高，应变限制层采用 PDMS(聚二甲基硅氧烷)材料，可伸展性差。当充入高压气体时，由于延展性不同，驱动层产生的形变远大于应变限制层，宏观上导致材料向应变限制层一侧弯曲运动。基于 Pneu-Net 软体驱动器，George 团队开发了四足充气式蠕动软体机器人[43](图 2-3(a))、Mosadegh 团队开发的软体抓持机械手[42](图 2-3(b))等。

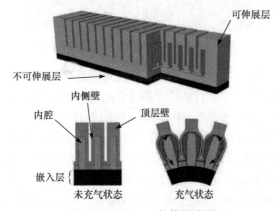

图 2-2　Pneu-Net 软体驱动器

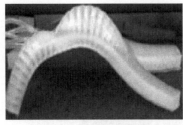
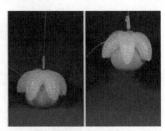

(a) 四足充气式蠕动软体机器人　　　　(b) 软体抓持机械手

图 2-3　Pneu-Net 软体驱动器应用

康奈尔大学仿生机器人实验室设计的软体驱动器同样采用线性阵列式驱动结构。如图 2-4 所示，由液态有机硅橡胶浇筑而成的一列相互独立的球形气室设置在一个不能伸展的尼龙织物同侧，当给气室充入高压气体时，驱动执行器会发生弯曲[44]。该驱动器可用于医疗康复，戴在患者手背上，作为一个主动辅助装置，帮助每个手指做独立的弯曲康复训练[45]。

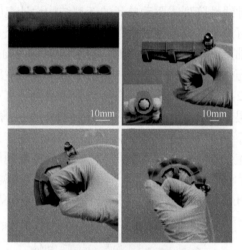

图 2-4　球形阵列软体驱动器及其应用

　　采用线性阵列式驱动原理设计的软体驱动器还有麻省理工学院设计的软体驱动器(图 2-5)[46, 47]，立命馆大学设计的用于抓持食品包装盒的软体驱动器(图 2-6)[48, 49]，北京航空航天大学研制的通用气动软体机械手(图 2-7)[50]。

　　线性阵列式驱动的软体驱动器只能实现平面内的弯曲运动，采用空间阵列式驱动结构则可以实现更为复杂的空间运动。例如，哈佛大学 Whitesides 团队开发的灵活触角(flexible tentacles)，如图 2-8 所示[51]，特别是如图 2-9 所示的弹性"积木"元件 Elastomeric brick[52]和 Elastomeric tile[53]，可以根据需要灵活地搭建出各种气动软体机器人结构。

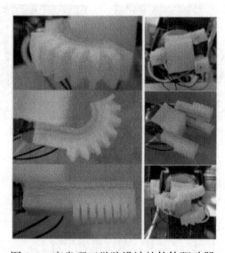

图 2-5　麻省理工学院设计的软体驱动器

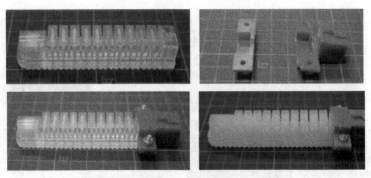

图 2-6　立命馆大学设计的软体驱动器

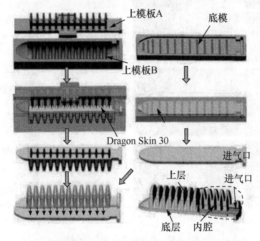

图 2-7　北京航空航天大学研制的通用气动软体机械手

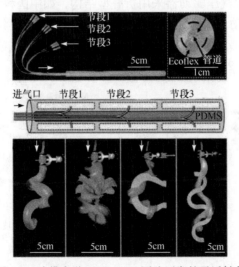

图 2-8　哈佛大学 Whitesides 团队开发的灵活触角

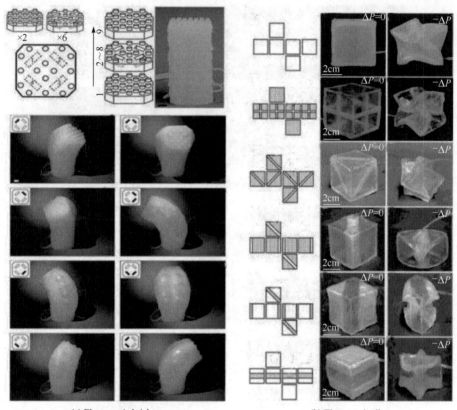

(a) Elastomeric brick　　　　　　　　(b) Elastomeric tile

图 2-9　弹性"积木"元件

　　另外一种形约束气压驱动器采用折叠型结构，如中国科学技术大学陈小平团队研发的蜂巢气动网络驱动器(图 2-10)[54]和弹性波纹管驱动柔性关节(图 2-11)[55]以及哈佛大学 Whitesides 团队研发的偏置式波纹管驱动器(biased bellows actuator) (图 2-12)[56]等。

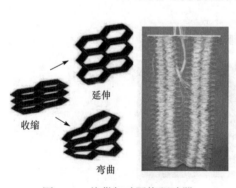

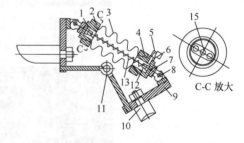

1. 头座 2. 卡箍 3. 弹性波纹管 4. 尾座 5. 直线接头
6. 密封圈 7. 密封垫 8. 铰链 9. 厚板 10. 指骨 11. 活页铰链
12. 钩杆 13. 拉弹簧 14. 经丝 15. 环形纬丝

图 2-10　蜂巢气动网络驱动器　　　图 2-11　弹性波纹管驱动柔性关节

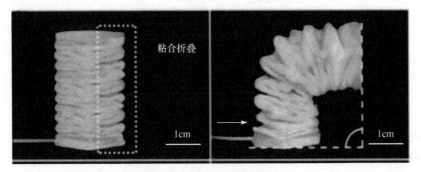

图 2-12　偏置式波纹管驱动器

2.3　纤维约束型驱动器

采用单一材料(如硅橡胶等)设计的气压驱动器在工作时往往存在非预期的受压膨胀变形,采用纤维约束可以有效克服这一问题。

Noritsugu 等[57]开发了一种旋转型气动柔性驱动器(图 1-6),驱动器由硅橡胶、两个边板和中间的可伸缩部分组成,沿着径向设有加强纤维以限制其径向膨胀,而外侧圆周可以膨胀,达到绕轴心旋转的目的。

Fras 等[58]研究了加强纤维制作的旋转型驱动器,比较了不同截面和不同匝数情况下的驱动器性能,发现圆形截面是该类驱动器的最佳选择;开发了自然状态下呈扇形的旋转型驱动器,利用聚酯线进行加强,限制了驱动器在径向上的膨胀,如图 2-13 所示。

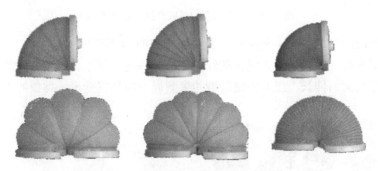

图 2-13　圆形截面旋转型柔性驱动器

最为典型的纤维约束型驱动器是三自由度 FMA[13,59,60],结构如图 1-4 所示。其主要部分为硅橡胶制成的橡胶管,橡胶管芯部均匀分布三个气室,外壁的尼龙纤维起约束和加强作用。基于该驱动器,Suzumori 等[24]研制了四指手(图 1-17(a))、蛇形机器人(图 2-14)等。

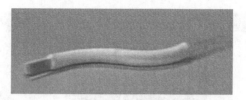

图 2-14 蛇形机器人

Suzumori 等[61]还研发了一种两腔软体驱动器，其结构如图 2-15 所示。该驱动器有两个气压腔，压力通过气管独立控制，用尼龙帘线沿圆周方向加强橡胶，以抵抗径向膨胀变形。基于该驱动器设计了模仿蝠鲼的外形和推进机理的气动软体机器鱼，能在水下自由移动，速度可达 100mm/s。

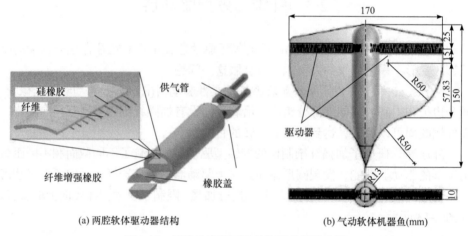

(a) 两腔软体驱动器结构

(b) 气动软体机器鱼(mm)

图 2-15 纤维约束型两腔软体驱动器及应用

Galloway 等设计了一种单腔驱动纤维增强驱动器[62-64]，如图 2-16 所示。两次铸造过程中在气腔壁内嵌入纵向的纤维和横向缠绕的纤维。纵向纤维的作用是限制其所在侧面的伸长，横向缠绕纤维约束圆周方向膨胀变形。类似的驱动器还有

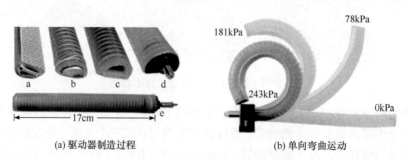

(a) 驱动器制造过程

(b) 单向弯曲运动

图 2-16 单腔驱动纤维增强驱动器

洛桑联邦理工学院研制的软体驱动器[65]、浙江工业大学研制的气动柔性弯曲关节[66](bending joint)、天津大学设计的软体弯曲驱动器[67]、上海交通大学研制的纤维增强型驱动器[68]、柏林大学研制的气动驱动器[69]和哈尔滨工业大学研制的纯扭转软体驱动器[70]等。

2.4　织网约束型驱动器

采用纤维约束可以限制气动驱动器的非设计变形，提高内腔的承压能力，实现更大程度的变形和运动。但是从各种样机的演示试验可以看出，在较大变形的情况下，由于纤维间隙的存在并被拉大，驱动器的非设计变形依然很大。例如，采用间隙更为致密的编织网进行驱动器的约束，可具有更好的效果。McKibben型 PMA[71]由相互交织在一起的螺旋编织网覆盖在柱状橡胶气囊外面，两端用金属接头卡紧，形成一个密闭容腔，如图 2-17 所示。当充气时，容腔内部体积增大，但由于编织网的长度保持不变，而与橡胶管轴线夹角增大，导致其在轴向收缩，径向膨胀。康奈尔大学研制气动软体多指灵巧手时，即采用尼龙编织网约束的硅橡胶管作为软体手指的主体[72]，如图 2-18 所示。

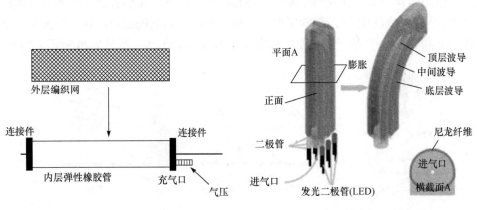

图 2-17　McKibben 型 PMA　　　　　　图 2-18　康奈尔大学气动软体手指

PMA 的运动形式还与外层编织网的角度密切相关。当编织角度小于 54.5°时，PMA 充气后将产生收缩运动；而角度大于 54.5°时会产生伸长运动[73]。利用编织网大角度的伸长特性，美国国家航空航天局(NASA)研发了 OCTBOT 长臂式捕获机器人[34, 74-76]，如图 1-31 所示。

由于 PMA 的驱动特性接近生物肌肉的特性，其十分适合用作机器人的执行元件。在 20 世纪 80 年代到 90 年代，普利司通、影子机器人和费斯托三家公司先后推出商品化的气动肌肉产品。其中，普利司通和影子机器人公司的气动肌肉是基于 McKibben 的结构[77]，而费斯托公司推出的另一款气动肌肉产品，把尼龙纤维编织网嵌入橡胶囊中，使得编织网可以随着橡胶囊的伸缩一起运动，消除了两者之间由于相对运动而产生的摩擦[11]。Faudzi 等提出的软驱动器结构则更为巧妙，将不同编织角度的组合应用于单腔柔性驱动器以产生弯曲运动[78,79]，如图 2-19 所示。图中，θ_1 和 θ_2 为多角度编织网的不同角度值。

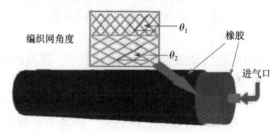

图 2-19　内嵌多角度编织网的软体驱动器

2.5　颗粒增强型驱动器

密闭柔性容器内存放细小颗粒，在负压的作用下，柔性容器受外界大气压的挤压作用而收缩和压紧内部的颗粒，形成具有一定强度的固定形状。康奈尔大学 Brown 和 Meiron[80]基于这一原理研发了球形软体驱动器，如图 2-20 所示。当驱

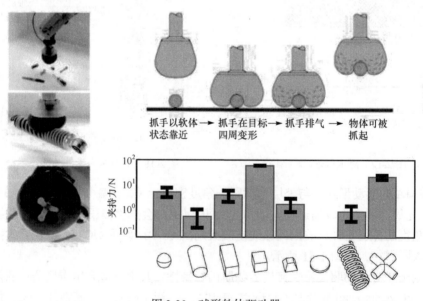

图 2-20　球形软体驱动器

动器压在抓持目标物体上时，内部的颗粒物受到挤压会根据物体形状而移动，使驱动器包裹在物体表面，再施加负压，根据阻塞原理，内部颗粒快速收缩以夹紧物体。该驱动器在快速抓持复杂外形的物体时具有明显优势[81]。

香港大学 Chen 等设计的可变刚度软体驱动器(variable stiffness robotic gripper)在可延展的一侧附加了一个颗粒腔，充气时会对颗粒腔施加压力，致使颗粒腔内部的颗粒发生挤压，从而增加手指的刚度[82]，如图 2-21 所示。手指的刚度是可控的，它与驱动器的空气压力成正比，驱动器空气压力越大，刚度越大；在较高的气压下变硬，刚度变化可以超过原型的六倍[83]。基于类似的原理，Wei 等[84]设计了一种刚度可调的仿生软体脊椎骨。类似的结构还可以应用于微创手术机器人[85]等。

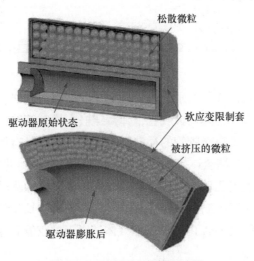

图 2-21　可变刚度软体驱动器

在欧洲可变刚度软体手术操作驱动器(STIFF-FLOP)项目中，开发者大体上沿用了三自由度 FMA 结构，但在驱动器的中间增加了刚度主动调节气腔，气腔中放入颗粒物，通过给刚度调节气腔抽负压使颗粒物挤压的方式来调节驱动器的刚度[19, 86, 87]，如图 2-22 所示。

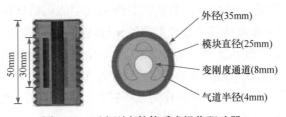

图 2-22　可变刚度软体手术操作驱动器

2.6　气动柔性驱动器

浙江工业大学研发了一种新型的气动驱动和执行元件——气动柔性驱动器(FPA)[18, 19]，结构如图 2-23 所示。

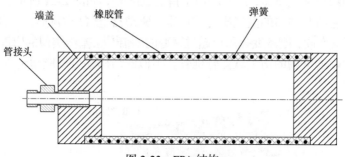

图 2-23　FPA 结构

FPA 实物照片如图 1-8 所示，由管接头、两端端盖和嵌有弹簧的弹性橡胶管组成。FPA 的主要部分是弹性橡胶管，弹簧镶嵌在橡胶管壁中间，与橡胶管一起硫化处理，弹簧可以约束橡胶管的径向膨胀变形，同时具有加强整个驱动器刚度的作用；橡胶管两端与端盖连接，通过强力胶密封；在一侧的端盖上安装管接头，压缩气体可以由此进出驱动器内部。当通过管接头向柔性驱动器内腔充入压缩气体时，由于弹簧的约束限制，弹性橡胶管只能沿轴向伸长变形，整个驱动器在轴向发生直线位移；释放 FPA 内腔的压缩气体，由于橡胶管和弹簧的弹性作用，驱动器恢复到初始状态。

新型气动柔性驱动器具有以下优点：①成本低。其材料成本远远低于形状记忆合金等驱动器，模具简单，制造成本也很低。②安装简便。与气缸等驱动器相比，它的安装不需要复杂的机构，甚至可以沿弯角安装，并且维护也非常方便。③动作平滑，可实现慢速运动。无滑动部件，无摩擦，其运动更接近于自然生物关节运动。功率/重量比高。④节能、高效。从气动势能到机械动能的转化效率达到 32%～49%，理论上可更高，而生物肌肉从化学能到机械动能的转变率仅为 20%～25%。⑤具有很高的灵活性和柔顺性，与机械刚性驱动器相比安全性更高、适应性更好。⑥采用气动技术，无油液泄漏、无污染，绿色环保。⑦可直接构成关节，直接驱动，无须借助其他的机构，易于小型化。

FPA 的主要缺点是：采用橡胶作为主要材料，老化问题不可避免；其运动过程是非线性的，难以建立准确的数学模型。

针对多指灵巧手关节驱动器向小型化、柔顺性、灵活性方向发展的特点，浙江工业大学研发团队在本书作者团队及国外学者研究的气动柔性驱动器[88, 89]的基础上，研制了气动柔性弯曲关节、气动柔性扭转关节和气动柔性摆动关节[90, 91]。

2.6.1　气动柔性弯曲关节结构原理

气动柔性弯曲关节的结构及实物模型如图 2-24 所示。该关节与 FPA 相比，唯一的差别就是在橡胶管壁内嵌入了一条轴向的约束钢丝，并且约束钢丝的两端通过螺钉与端盖固定。当向弯曲关节充入一定压力的压缩气体时，除约束钢丝一侧的橡胶管壁不发生变形外，其余部分将沿轴向伸长，使得整个关节发生弯曲变形，弯曲的角度随着压力的增大而增大；释放关节内腔的压缩气体，在橡胶管和弹簧的弹性力作用下，弯曲关节又恢复到初始状态。

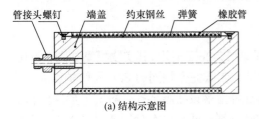

(a) 结构示意图　　　　　　　　　　　　　(b) 实物模型

图 2-24　气动柔性弯曲关节

定义气动柔性弯曲关节的平均半径为嵌在橡胶管壁内的弹簧半径。文献[92]和[93]详细分析了气动柔性弯曲关节在运动过程中的径向变形情况，并得出弯曲关节的径向变形可以忽略不计的结论。另外，气动柔性弯曲关节的结构原理与 FPA 基本一致，其变形情况可以认为是这样的一个假想过程：第一步，由气源向弯曲关节内腔充气，关节像 FPA 一样，沿轴向伸长运动；第二步，弯曲关节内腔气压达到预定值后，嵌有约束钢丝的一侧收缩变短直至初始长度，则整个关节发生弯曲。在假想过程的第一步，关节的平均半径变化与 FPA 运动过程中的平均半径变化一致，这一过程中平均半径的变化很小，可以忽略不计；在假想过程的第二步，橡胶管单侧收缩，可以认为不会影响关节半径。

从以上分析可以得出结论：在运动过程中，弯曲关节的平均半径基本保持不变，在本书后续的论述中认为其为常数，记为 r_b。

2.6.2　气动柔性扭转关节结构原理

气动柔性扭转关节由一个定盘、一个转盘和两个弧形的 FPA 组成[94, 95]，两个FPA 的两端分别固定在转盘和定盘上，且对称分布，转盘通过转轴、轴承与下面的定盘连接，可以相对于定盘转动，如图 2-25 所示。当向两个 FPA 内腔充入压缩气体时，FPA 伸长变形，由于两端的约束，FPA 只能围绕转盘的旋转轴转动并推动转盘旋转一定的角度；释放 FPA 内腔的压缩气体，FPA 在橡胶弹性和弹簧的作用下恢复原状，拉动转盘回到原位，扭转关节恢复到初始状态。

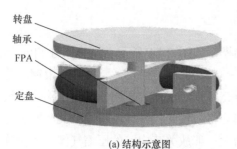

(a) 结构示意图　　　　　　　　　　　　(b) 实物模型

图 2-25　气动柔性扭转关节

2.6.3　气动柔性摆动关节

基于 FPA 的柔性侧摆关节结构原理如图 2-26(a)所示，其实物模型如图 2-26(b)所示。侧摆关节由两个 T 形连杆、两个结构参数完全相同的 FPA 及转轴组成。其中，上 T 形连杆下端设有圆孔，下 T 形连杆上端设有腰形孔，两个 T 形连杆和销轴通过腰槽结构形成一个可轴向伸缩的转动副；两个 FPA 分别通过端盖固定在两个连杆上，并且左右对称分布。

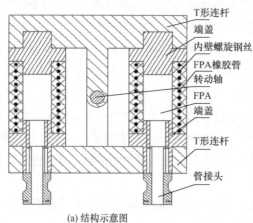

(a) 结构示意图　　　　　　　　　　　　(b) 实物模型

图 2-26　基于 FPA 的柔性侧摆关节

侧摆关节的工作原理如下：实现侧摆运动前，需通过管接头，向左右两个 FPA 内腔中预通入相同压力的压缩空气，在等压气体的作用下，两个 FPA 发生相同的轴向伸长，从而推动上 T 形连杆运动直至销轴与下 T 形连杆上腰形孔上端接触为止；调节两个 FPA 内腔气体压力，当左边 FPA 的内腔气压大于右边 FPA 的内腔气压时，即左边 FPA 的伸长量将大于右边 FPA 的伸长量，侧摆关节向右侧摆，反之亦然；释放两个 FPA 内腔的压缩空气，FPA 在橡胶管和螺旋弹簧的回弹作用下恢复原状，同时带动 T 形连杆，使侧摆关节恢复到初始状态。通过控制两个 FPA 的内腔气压，可以控制关节侧摆角度的大小。

2.7　本 章 小 结

驱动器是机器人的动力来源，在机器人研发和应用中起到决定性作用。同样，气动软体驱动器是气动类软体机器人的核心部件，直接决定了软体机器人的特性和性能。

本章主要介绍了气动软体驱动器的构型，对形约束型驱动器、纤维约束型驱动器、织网约束型驱动器、颗粒增强型驱动器等的工作原理及应用特点进行了详细的分析。同时，本章介绍了 FPA 的原理和基本结构，在此基础上进一步分析了弯曲关节、扭转关节及摆动关节的结构形式和工作原理。

第 3 章 气动软体驱动器建模与仿真

3.1 引 言

气动软体驱动器是软体机器人的动力来源,属于基础和关键部件,其运动和动力特性将直接决定该类软体机器人的性能。软体驱动器腔体结构的复杂性、驱动气压与运动输出的非线性,以及充气与放气过程中存在的迟滞现象,给建立准确数学模型和应用带来了较大的难度。近年来,有科研人员基于 Yeoh 模型、几何方法、虚功原理、欧拉弹力定理、Abaqus 软件有限元仿真等建立气动软体驱动器模型并取得了一系列研究成果,推动了气动软体驱动器的进一步发展。

本章将详述四种气动软体驱动器模型,对驱动器进行恒力、恒压、恒长的仿真和试验分析,这部分是气动软体驱动器的基础研究工作。

3.2 气动软体驱动器及其模型

FPA 的结构模型如图 3-1 所示,主要部分是弹性橡胶管,细丝弹簧镶嵌在橡胶管壁中间,弹簧约束了橡胶管的径向膨胀变形,但不限制其在轴向上的伸长和压缩。向 FPA 内腔充入压缩气体,由于弹簧的径向约束作用,弹性橡胶管仅可以沿轴向伸长变形,整个驱动器在轴向发生直线位移;释放 FPA 内腔中的压缩气体,驱动器在橡胶管和弹簧的弹性作用下恢复到初始状态。

管接头 端盖 弹簧 弹性橡胶管

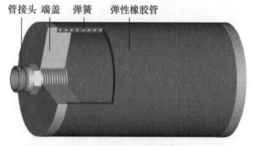

图 3-1 FPA 的结构模型

3.2.1 气动柔性驱动器模型

对 FPA 的一端进行静力分析,FPA 出力端的受力如图 3-2 所示,可得

$$F = P\pi r_0^2 - F_a - P_{atm}\pi r_0^2 \tag{3-1}$$

式中，P 为 FPA 内腔气体压力，MPa；P_{atm} 为大气压力，MPa；r_0 为驱动器内半径，mm；F_a 为下一单元对该单元的轴向拉力，即橡胶管壳体弹性力，N；F 为外力，即 FPA 的输出力，N。

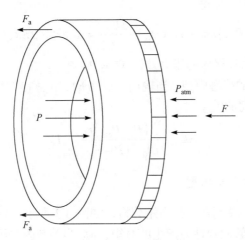

图 3-2 FPA 出力端的受力图

橡胶管壳体弹性力为

$$F_a = \sigma A_r \tag{3-2}$$

橡胶管应力为

$$\sigma = E\varepsilon \tag{3-3}$$

式中，E 为 FPA 橡胶管的弹性模量，MPa。

橡胶管应变为

$$\varepsilon = \frac{\Delta L}{L_0} = \frac{L - L_0}{L_0} \tag{3-4}$$

式中，ΔL 为 FPA 橡胶管的伸长量，mm；L_0 为 FPA 橡胶管的初始长度，mm；L 为变形后橡胶管的长度，mm。

橡胶管截面面积为

$$A_r = \pi\left(r_0 + \frac{t}{2}\right)^2 - \pi\left(r_0 - \frac{t}{2}\right)^2 = 2\pi r_0 t \tag{3-5}$$

由体积不变性可知，FPA 橡胶管变形后的壁厚 $t = \dfrac{L_0}{L}t_0 = \dfrac{L_0}{L_0 + \Delta L}t_0$，代入式(3-5)，可得

$$A_r = 2\pi r_0 t_0 \frac{L_0}{L_0 + \Delta L} \tag{3-6}$$

式中，t_0 为 FPA 橡胶管的初始壁厚，mm。

将式(3-3)、式(3-4)、式(3-6)代入式(3-2)，可得

$$F_{\mathrm{a}} = 2E\pi r_0 t_0 \frac{\Delta L}{L_0 + \Delta L} \tag{3-7}$$

将式(3-7)代入式(3-1)，可得

$$F = \left(P - P_{\mathrm{atm}}\right)\pi r_0^2 - 2E\pi r_0 t_0 \frac{\Delta L}{L_0 + \Delta L} = \Delta P \pi r_0^2 - 2E\pi r_0 t_0 \frac{\Delta L}{L_0 + \Delta L} \tag{3-8}$$

式中，ΔP 为 FPA 内外气体的压力差，$\Delta P = P - P_{\mathrm{atm}}$。

式(3-8)即 FPA 的静态模型。当输出力 F=0 时，由式(3-8)可得 FPA 伸长量 ΔL 与其内腔压力 P 之间的关系式：

$$\Delta L = \frac{\left(P - P_{\mathrm{atm}}\right)r_0}{2Et_0 - \left(P - P_{\mathrm{atm}}\right)r_0} L_0 \tag{3-9}$$

3.2.2　气动柔性弯曲关节模型

对弯曲关节的一端端盖进行力矩分析，如图 3-3 所示。M 为弯曲关节受到的外力矩，M_{a} 为橡胶管的弹性力产生的力矩，M_{p} 为关节内腔压力与大气压力差值在端面产生的力矩，M_{c} 为弯曲关节的约束钢丝拉力产生的力矩，ϕ 为绕轴线旋转过的角度，θ 为弯曲关节弯曲的角度，所有力矩的旋转轴为过弯曲角顶点 O 且垂直于纸面的直线。

图 3-3 中，$\mathrm{d}A_1$ 可表示为

$$\mathrm{d}A_1 = r\mathrm{d}r\mathrm{d}\phi \tag{3-10}$$

式中，r 为积分变量，$0 \leqslant r \leqslant r_{\mathrm{b}}$，$r_{\mathrm{b}}$ 为橡胶管内径。

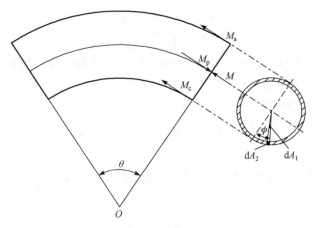

图 3-3　弯曲关节力矩分析

dA_1 面积上气体压力产生的力矩为

$$dM_p = L_p dF_p = L_p(P - P_{atm})dA_1 = L_p(P - P_{atm})rdrd\phi \tag{3-11}$$

式中，L_p 为力臂，即气体压力在 dA_1 面积上力的作用线到旋转轴的距离；F_p 为气压产生的轴向推力。

根据几何关系，可以得出力臂为

$$L_p = \sqrt{\left(\frac{L_b}{\theta} + r_b\right)^2 + r^2 - 2\left(\frac{L_b}{\theta} + r_b\right)r\cos\phi - (r\sin\phi)^2} \tag{3-12}$$

式中，L_b 是弯曲关节的长度，mm。

由式(3-11)、式(3-12)可得

$$M_p = \int dM_p$$
$$= 2\int_0^\pi \int_0^{r_b}(P - P_{atm})r\sqrt{\left(\frac{L_b}{\theta} + r_b\right)^2 + r^2 - 2\left(\frac{L_b}{\theta} + r_b\right)r\cos\phi - (r\sin\phi)^2}drd\phi \tag{3-13}$$

化简可得

$$M_p = \frac{\pi r_b^2(P - P_{atm})(L_b + \theta r_b)}{2} \tag{3-14}$$

dA_2 可表示为

$$dA_2 = t_\phi r_b d\phi \tag{3-15}$$

式中，t_ϕ 为橡胶管的厚度，mm。

在 dA_2 面积上的橡胶弹性力为

$$dF_a = \sigma dA_2 = E_b \frac{L_\phi - L_b}{L_b} t_\phi r_b d\phi \tag{3-16}$$

式中，E_b 为弯曲关节橡胶管弹性模量，MPa；L_ϕ 为 ϕ 角度位置的对应外壳长度，mm。

由式(3-4)、式(3-5)可求得 dF_a 相对于旋转轴的力臂为

$$L_a = \sqrt{\left(\frac{L_b}{\theta} + r_b\right)^2 + r_b^2 - 2\left(\frac{L_b}{\theta} + r_b\right)r_b\cos\phi - (r_b\sin\phi)^2} \tag{3-17}$$

$$L_\phi = L_a\theta \tag{3-18}$$

由式(3-16)、式(3-17)可得

$$M_a = \int L_a dF_a = \frac{2E_b r_b t_b}{\theta}\int_0^\pi (L_a\theta - L_b)d\phi \tag{3-19}$$

式中，t_b 为初始状态下的壁厚，mm。

由式(3-14)、式(3-16)化简可得

$$M_a = 2\pi E_b r_b^2 t_b \tag{3-20}$$

对弯曲关节自由端端盖进行受力分析，在弯曲关节不受外力作用的情况下，端盖只受到内外气压的压力 F_p、橡胶管的弹性力 F_a 和约束钢丝的拉力 F_c，如图 3-4 所示。

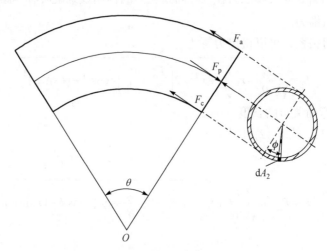

图 3-4　弯曲关节受力分析

由式(3-13)可得

$$F_a = \int_0^{2\pi} \mathrm{d}F_a = 2\int_0^{\pi} E_b t_b r_b \left(1 - \frac{L_b}{L_\phi}\right) \mathrm{d}F_a$$

$$= 2\pi E_b t_b r_b \left(1 - \sqrt{\frac{L_b}{L_b + 2r_b\theta}}\right) \tag{3-21}$$

弯曲关节内外气体压力产生的力为

$$F_p = \left(P - P_{\mathrm{atm}}\right)\pi r_b^2 \tag{3-22}$$

在图 3-4 中，由受力平衡可得

$$F_p - F_a - F_c = 0 \tag{3-23}$$

由式(3-21)、式(3-22)、式(3-23)解可得

$$F_c = \left(P - P_{\mathrm{atm}}\right)\pi r_b^2 - 2\pi E_b t_b r_b \left(1 - \sqrt{\frac{L_b}{L_b + 2r_b\theta}}\right) \tag{3-24}$$

则

$$M_c = F_c \frac{L_b}{\theta} = \frac{L_b}{\theta}\left[\left(P - P_{\mathrm{atm}}\right)\pi r_b^2 - 2\pi E_b t_b r_b \left(1 - \sqrt{\frac{L_b}{L_b + 2r_b\theta}}\right)\right] \tag{3-25}$$

在图 3-3 中，由力矩平衡式得

$$M_p - M_a - M_c - M = 0 \tag{3-26}$$

将式(3-11)、式(3-17)、式(3-24)代入式(3-25)，化简可得

$$\theta = \frac{L_b}{4r_b} \left(\frac{\pi \Delta P r_b^3 + 6\pi E_b r_b^2 t_b - M}{M + 2\pi E_b r_b^2 t_b - \pi \Delta P r_b^3} \right.$$

$$\left. - \frac{\sqrt{\pi^2 \Delta P^2 r_b^6 - 20\pi^2 \Delta P E_b r_b^5 t_b - 2\pi \Delta P r_b^3 M + 36\pi^2 E_b^2 r_b^4 t_b^2 + 20\pi E_b r_b^2 t_b M + M^2}}{M + 2\pi E_b r_b^2 t_b - \pi \Delta P r_b^3} \right)$$

$$(3-27)$$

当外力矩 $M=0$ 时，由式(3-27)可得弯曲角度与关节内腔气体压力之间的关系式：

$$\theta = \frac{L_b}{4r_b} \frac{\pi \Delta P r_b^3 + 6\pi E_b r_b^2 t_b - \sqrt{\pi^2 \Delta P^2 r_b^6 - 20\pi^2 \Delta P E_b r_b^5 t_b - 36\pi^2 E_b^2 r_b^4 t_b^2}}{2\pi E_b r_b^2 t_b - \pi \Delta P r_b^3} \qquad (3-28)$$

3.2.3　气动柔性扭转关节模型

对图 2-25 所示的扭转关节单个 FPA 的自由端(即与转盘固定的一端)进行力矩平衡分析，如图 3-5 所示。M 为扭转关节受到的外力矩，两个 FPA 内部充入同等大小压力的压缩气体，则 M 由两个 FPA 承受；M_a 为橡胶管的弹性力产生的力矩；M_p 为关节内腔压力与大气压力差值在端面产生的力矩；α 为初始状态下的关节弯曲角度，β 为关节弯曲角度增量。

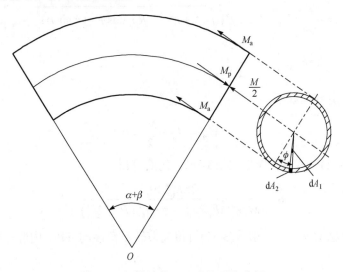

图 3-5　扭转关节 FPA 力矩平衡分析

由于扭转关节 FPA 的变形过程与弯曲关节的变形过程相似，扭转关节静态模型的推导过程也与 3.2.2 节类似，所以本节只简要列出相关公式(详细推导过程可

参考 3.2.2 节)：

$$dM_p = L_p dF_p = L_p(P - P_{atm})dA_1 = L_p(P - P_{atm})r dr d\phi \tag{3-29}$$

$$L_p = \sqrt{R_t^2 + r^2 - 2R_t r \cos\phi - (r\sin\phi)^2} \tag{3-30}$$

由式(3-29)、式(3-30)可得

$$M_p = \int dM_p$$

$$= 2\int_0^\pi \int_0^{r_t}(P - P_{atm})r\sqrt{R_t^2 + r^2 - 2R_t r \cos\phi - (r\sin\phi)^2}\, dr d\phi$$

$$= \pi R_t r_t^2(P - P_{atm}) \tag{3-31}$$

$$dF_a = \sigma dA_2 = E_t \frac{L_\phi - L_t}{L_t} t_\phi r_t d\phi \tag{3-32}$$

式中，E_t 为扭转关节 FPA 橡胶管弹性模量，MPa；R_t 为扭转关节半径，mm；L_t 为扭转关节 FPA 初始长度；r_t 为扭转关节 FPA 橡胶管半径，mm。

$$L_a = \sqrt{R_t^2 + r_t^2 - 2R_t r_t \cos\varphi - (r_t\sin\varphi)^2} \tag{3-33}$$

$$L_\phi = L_a(\alpha + \beta) \tag{3-34}$$

由式(3-32)、式(3-33)、式(3-34)可得

$$M_a = \int L_a dF_a$$

$$= \frac{2E_t r_t t_t}{\alpha + \beta}\int_0^\pi \left[(\alpha + \beta)\sqrt{R_t^2 + r_t^2 - 2R_t r_t \cos\phi - (r_t\sin\phi)^2} - L_t\right]d\phi$$

$$= 2\pi E_t r_t t_t \left(R_t - \frac{L_t}{\alpha + \beta}\right) \tag{3-35}$$

力矩平衡方程如下：

$$M_p - M_a - \frac{M}{2} = 0 \tag{3-36}$$

将式(3-31)、式(3-35)代入式(3-36)，化简可得

$$\alpha = \frac{2\pi E_t L_t r_t t_t}{M + 2\pi E_t R_t r_t t_t - \pi R_t r_t^2(P - P_{atm})} - \beta \tag{3-37}$$

当外力矩 $M = 0$ 时，由式(3-37)可得关节转动角度与 FPA 内腔气体压力之间的关系式：

$$\alpha = \frac{2E_t L_t t_t}{2E_t R_t t_t - R_t r_t(P - P_{atm})} - \beta \tag{3-38}$$

关节初始状态时，FPA 内腔压力 $P = P_{atm}$，$\alpha = 0$，代入式(3-38)可得扭转关节

FPA 的初始弯曲角度为

$$\beta = \frac{L_t}{R_t} \tag{3-39}$$

则有

$$\alpha = \frac{2E_t L_t t_t}{2E_t R_t t_t - R_t r_t (P - P_{\text{atm}})} - \frac{L_t}{R_t} = \beta \left[\frac{2E_t t_t}{2E_t t_t - r_t (P - P_{\text{atm}})} - 1 \right] \tag{3-40}$$

3.2.4　气动柔性摆动关节模型

侧摆关节运动时，两个 FPA 在 T 形连杆限制及转动副导向作用下，将发生弧形形变。侧摆角度为 α 时，侧摆关节的简化受力模型如图 3-6 所示。假设两个 FPA 的初始长度为 L_0(mm)；中心线间距为 a(mm)；FPA 预伸长量为 x(mm)；预伸长后，橡胶管长度为 $L=L_0+x$；销轴中心线到上下两个 T 形连杆的距离相同，为 $L/2$(mm)。

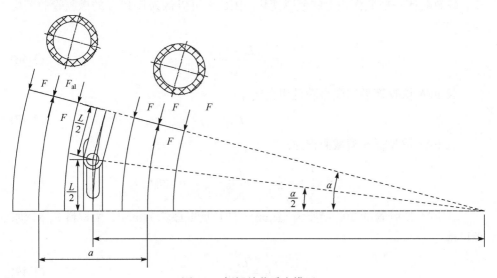

图 3-6　侧摆关节受力模型

由图 3-6 中的几何关系可得

$$R = \frac{L}{2\tan\frac{1}{2}\alpha} \tag{3-41}$$

$$L_1 = \left(R + \frac{1}{2}a\right)\alpha = \left(\frac{L}{2\tan\frac{1}{2}\alpha} + \frac{1}{2}a\right)\alpha \tag{3-42}$$

$$L_s = \left(R - \frac{1}{2}a \right)\alpha = \left(\frac{L}{2\tan\frac{1}{2}\alpha} - \frac{1}{2}a \right)\alpha \tag{3-43}$$

式中，R 为侧摆关节中心线弧的半径，mm；α 为侧摆关节的侧摆角度，rad；L_1 为长 FPA 的中心线弧的弧长，mm；L_s 为短 FPA 的中心线弧的弧长，mm。

对长 FPA 的一端进行静力分析。当输出力 F_1 为零时，其受力情况如图 3-6 所示，可得

$$F_1 = P_1\pi r_0^2 - P_{atm}\pi r_0^2 - F_{al} = 0 \tag{3-44}$$

式中，P_1 为长 FPA 的内腔气体压力，MPa；F_{al} 为长 FPA 的橡胶管的弹性力，N，有

$$F_{al} = \sigma_1 A_1 \tag{3-45}$$

对于发生弧形形变的 FPA，严格意义上，同一横截面积上橡胶管壳体壁厚及应变不同；由于 FPA 变形过程中橡胶管的平均半径不变，且橡胶管壁厚(2mm)较小，故忽略同一横截面积上的壁厚变化。因此，可以认为长 FPA 的橡胶管的平均应变为

$$\varepsilon_1 = \frac{L_1 - L_0}{L_0} \tag{3-46}$$

长 FPA 橡胶管平均应力满足胡克定律：

$$\sigma_1 = E\varepsilon_1 \tag{3-47}$$

长 FPA 橡胶管的横截面积为

$$A_1 = \pi\left(r_0 + \frac{t_1}{2} \right)^2 - \pi\left(r_0 - \frac{t_1}{2} \right)^2 = 2\pi r_0 t_1 \tag{3-48}$$

长 FPA 橡胶管的初始壁厚为 t_0(mm)，伸长后壁厚为 t_1(mm)，由材料等体积原理可得

$$t_1 = \frac{L_0}{L_1}t_0 \tag{3-49}$$

将式(3-49)代入式(3-48)，得到

$$A_1 = 2\pi r_0 \frac{L_0}{L_1}t_0 \tag{3-50}$$

将式(3-46)、式(3-47)及式(3-50)代入式(3-45)，可以得到

$$F_{al} = 2\pi E r_0 t_0 \frac{L_1 - L_0}{L_1} \tag{3-51}$$

将式(3-51)代入式(3-44)，可以推导出

$$L_1 = \frac{2Et_0L_0}{2Et_0 - (P_1 - P_{\text{atm}})r_0} \tag{3-52}$$

将式(3-52)代入式(3-42)，可以得到

$$\left(\frac{L}{2\tan\frac{1}{2}\alpha} + \frac{1}{2}a\right)\alpha = \frac{2Et_0L_0}{2Et_0 - (P_1 - P_{\text{atm}})r_0} \tag{3-53}$$

对于短 FPA，同理可得

$$\left(\frac{L}{2\tan\frac{1}{2}\alpha} - \frac{1}{2}a\right)\alpha = \frac{2Et_0L_0}{2Et_0 - (P_s - P_{\text{atm}})r_0} \tag{3-54}$$

式中，P_s 为短 FPA 的内腔气体压力，MPa。

侧摆关节的两个 FPA 内腔预充气体压力为

$$P = \frac{2Et_0x}{r_0L} + P_{\text{atm}} \tag{3-55}$$

3.3 典型驱动器模型仿真分析

FPA 输出力 F 是其内外气体压力差 ΔP 和伸长量 ΔL 的函数，也就是 FPA 内腔压缩气体压力 P 和伸长量 ΔL 的函数，可以表示为

$$F = f(P, \Delta L) \tag{3-56}$$

式(3-56)表明，FPA 的特性可以用 F、P、ΔL 三个参数表征，本节就结合三个参数对 FPA 的特性进行分析。

3.3.1 恒输出力特性

恒输出力特性的数学模型是保持 FPA 输出力 F 大小不变，分析 FPA 内腔压缩气体的压力 P 与伸长量 ΔL 之间的关系。由式(3-8)可得

$$\Delta L = L_0 \frac{F - (P - P_{\text{atm}})\pi r_0^2}{(P - P_{\text{atm}})\pi r_0^2 - 2E\pi r_0 t_0 - F} \tag{3-57}$$

或

$$P = P_{\text{atm}} + \frac{F}{\pi r_0^2} + \frac{2Et_0}{r_0}\frac{\Delta L}{L_0 + \Delta L} \tag{3-58}$$

式(3-57)、式(3-58)给出了 FPA 内腔压缩气体的压力 P 与伸长量 ΔL 之间的函

数关系，后者较为简洁直观。图 3-7 表示的是给定五组特定输出力时 FPA 内腔压缩气体的压力 P 与伸长量 ΔL 的仿真曲线，仿真参数见表 3-1。

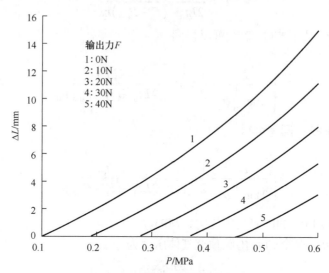

图 3-7　FPA 恒输出力特性曲线

表 3-1　FPA 静态仿真参数

参数名称	参数符号	参数值
大气压力/MPa	P_{atm}	0.1
橡胶管弹性模量/MPa	E	2.0
橡胶管平均半径/mm	r_0	6
橡胶管壁厚/mm	t_0	2
橡胶管初始长度/mm	L_0	25

在输出力恒定的情况下，FPA 的伸长量和内腔压缩气体压力不是线性关系，这一点在式(3-58)中也体现出来。当输出力较大时，需要的内腔压缩气体压力也较高，此时 P-ΔL 曲线的线性度较高，见图 3-7 中第 5 条曲线。这说明当 FPA 内腔压缩气体压力较高、输出力较大时，FPA 的刚性较大，其特性更趋于满足胡克定律的弹性固体；另外，各条 P-ΔL 曲线在开始阶段的线性度较好。

3.3.2　恒压特性

恒压特性的数学模型是在内腔压缩气体压力 P 恒定的条件下，分析 FPA 橡胶管的伸长量 ΔL 与输出力 F 之间的关系。由式(3-8)和表 3-1 的参数得到 FPA 恒压特性的仿真曲线如图 3-8 所示。当橡胶管伸长量 ΔL 较小或输出力 F 较大时，恒压特性曲线的线性度较好。这是因为 FPA 充入一定压力的压缩气体以后，气体压力和输出力的作用增大了 FPA 的刚度，使其应力应变关系趋近于胡克定律。

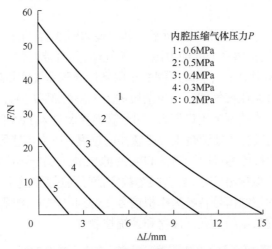

图 3-8　FPA 恒压特性曲线

3.3.3　恒长特性

恒长特性的数学模型是在特定伸长量的情况下，分析 FPA 内腔压缩气体压力 P 与其输出力 F 之间的关系。由式(3-8)可知，在伸长量 ΔL 为常数的条件下，FPA 的输出力 F 与内腔压缩气体压力 P 呈线性关系。由式(3-8)和表 3-1 的参数生成的 FPA 恒长特性仿真曲线如图 3-9 所示。橡胶管的伸长量 ΔL 越小，FPA 输出力越大。因为伸长量小，则橡胶管变形小，橡胶管的弹性力小，所以输出力 F 更大。

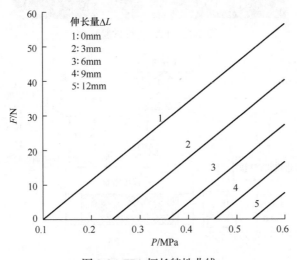

图 3-9　FPA 恒长特性曲线

3.4　气动软体驱动器试验与分析

　　FPA 特性试验平台如图 3-10 所示，其原理如图 3-11 所示，所用主要元件如表 3-2 所示。空压机提供系统的动力源：压缩气体，其自带的贮气罐容积为 0.26m³，足够 FPA 特性试验使用；过滤减压阀的作用是过滤压缩气体并降低系统压力；油雾分离器进一步过滤压缩气体，以免杂质进入下游的阀和 FPA 中；电-气比例阀可以在调压范围内连续调节出口压力，用于直接控制进入 FPA 内腔的压缩气体压力大小；步进电机通过丝杠调整压力传感器的位置；压力传感器用于测量 FPA 自由端输出力值；位移传感器用于测量 FPA 的伸长量；A/D 卡用于采集压力传感器和位移传感器的模拟输出信号，并转换为数字信号通过系统总线送入工控机；D/A 卡用于把工控机的控制信号转换为模拟信号发送到电-气比例阀，控制其出口气体压力；工控机负责数据的处理、保存和系统控制。

图 3-10　FPA 特性试验平台

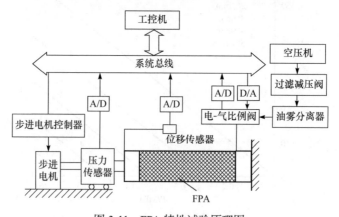

图 3-11　FPA 特性试验原理图

表 3-2　FPA 特性试验平台元件表

元件名称	型号	性能参数	生产厂家
空压机	LG5.5-7.5	最高压力 0.8MPa，贮气罐容积 0.26m³	浙江红五环机械股份有限公司
过滤减压阀	AW20-02G	最高压力 1MPa，调压 0.05～0.85MPa，过滤精度 5μm	日本 SMC 公司
油雾分离器	AFM20-02	最高压力 1MPa，过滤精度 0.3μm	日本 SMC 公司
电-气比例阀	ITV0050-3BS	调压 0.001～0.9MPa，线性度±1%	日本 SMC 公司
压力传感器	NS-TH1	量程 0～5kg，精度 0.1%F.S.	上海天沐自动化仪表有限公司
位移传感器	NS-WY06	量程 0～100mm，精度 0.1%F.S.	上海天沐自动化仪表有限公司
数据采集卡	PCL812PG	16 路 AI，2 路 AO，16 路 DI、DO	研华科技(中国)有限公司
步进电机	57BYGH301	步距角 1.8°	金坛市四海电机电器厂
工控机	IPC 610	PIII 933/256M	研华科技(中国)有限公司

注：F.S.是传感器相对于满量程的百分数。

电-气比例阀 ITV0050-3BS 的工作原理如图 3-12 所示。该阀自带压力传感器和控制回路，当有控制信号输入时打开供气电磁阀，则在阀出口有压缩气体输出，压力传感器及时检测并反馈输出压力大小，控制回路根据输入信号和反馈信号动态调节供气电磁阀和排气电磁阀，直至输出压力与控制信号成比例：

$$P' = 0.09V_s \tag{3-59}$$

式中，P' 为电-气比例阀输出气压值，MPa；V_s 为电-气比例阀控制信号，$0 < V_s < 10\text{V}$。

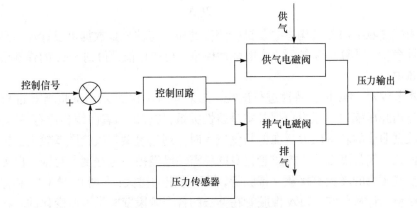

图 3-12　电-气比例阀工作原理

在没有外力负载的情况下，对 FPA 进行连续充气和放气试验，测量 FPA 内腔压缩空气压力 P 与伸长量 ΔL 的关系。10 次试验中，各压力值对应的数据的相对标准偏差(relative standard deviation, RSD)最大不超过 20%，充气过程平均 RSD 约为 8.9%，放气过程平均 RSD 约为 11.8%，可重复性较好。

图 3-13 给出了 10 次试验数据平均值所得曲线。由图可知，FPA 充放气过程的曲线并不完全重合，而是存在一个滞环，这是因为橡胶具有黏滞性。

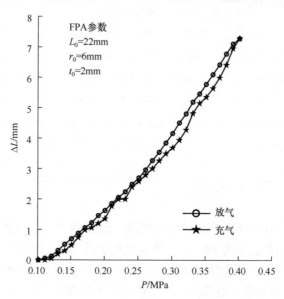

图 3-13　FPA 压力与伸长量试验曲线

由式(3-55)可得

$$E = \frac{(P - P_{\text{atm}}) r_0 (L_0 + \Delta L)}{2 t_0 \Delta L} \tag{3-60}$$

由式(3-60)、FPA 结构参数及试验测得的压力与伸长量数据可以计算得到 FPA 的弹性模量。计算得到各采样点的弹性模量，再取均值，得到 FPA 的弹性模量为 $E=2.5\text{MPa}$。

本节仅对 FPA 恒长特性进行试验，结果如图 3-14 所示。试验测得的 FPA 输出力与内腔压缩空气压力数据基本呈线性关系，与理论仿真曲线相比有一定误差，试验数据曲线的斜率较大。在伸长量较大时，理论模型与试验误差较大。原因是 FPA 伸长一定长度以后，橡胶管自身的黏滞性已经被一定程度上克服，FPA 内腔压缩空气压力的增大直接驱动橡胶管，导致输出力增大；另外由图 3-14 和橡胶管弹性模量的计算可知，FPA 橡胶管在伸长的各个阶段壁厚是不断变化的，在充气伸长的不同阶段其弹性模量也是不同的，而图 3-14 中理论曲线计算用到的弹性模量为试验数据求得的平均值 $E=2.5\text{MPa}$，弹性模量的误差导致理论曲线与试验结果有所偏差。

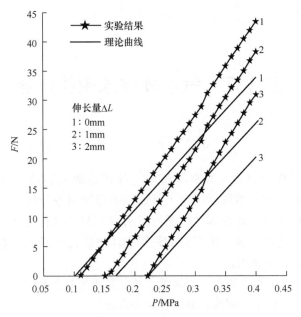

图 3-14　FPA 恒长特性仿真与试验对比

3.5　本章小结

由于硅橡胶为非线性材料，且软体驱动器的变形量较大，不能直接用刚体力学的方法进行分析和建模,通过参数化的设计与优化分析气动驱动器的输出特性，进一步建立驱动器驱动压力与弯曲形变的非线性关系显得尤为重要，是软体驱动器的优化设计与控制的前提和理论基础。

本章以气动软体驱动器为阐述对象，对 FPA 进行了静力学分析，得出 FPA 的静态模型；分别为气动柔性弯曲关节、气动柔性旋转关节和气动柔性摆动关节建立了数学模型；对驱动器模型进行仿真分析，得出其恒输出力特性、恒压特性及恒长特性；搭建了 FPA 特性试验平台，将恒长特性试验结果与仿真结果进行对比，验证其准确性并分析误差原因。

第 4 章　气动软体末端执行器

4.1　引　　言

末端执行器作为机器人与外界环境互相作用的最后执行部件一直备受关注。执行器的灵活性和柔顺性决定了其适用的目标对象和应用环境。柔顺性和自适应性的优势使得气动软体执行器可以适应不同形状和尺寸的物体，尤其适用于具有柔性、脆嫩、易碎等特征的目标物体的抓持和操作。农业果实采摘就是其应用的一个典型领域。

本章主要以黄瓜和苹果为研究对象，从其物理特性分析入手，详细阐述适用于农业采摘的气动软体末端执行器的设计和开发。

4.2　脆嫩目标的物理特性分析

利用末端执行器对果实进行抓持作业，难点在于要求末端执行器在不损伤目标物体的前提下夹持住物体，所施加的夹持力既不能损伤果实又要保证夹持果实不掉落。这就需要事先对目标物体的物理特性进行充分详细的分析并建立数学模型。对于末端执行器的设计，果实的质量、压缩特性、摩擦系数等都是很重要的考虑因素。

4.2.1　黄瓜抓持特性

为了在不损伤果实表皮的情况下进行抓持，需要控制末端执行器抓持在黄瓜的理想部位并对其施加适当的抓持力，首先要对黄瓜的物理特性进行测定，具体包括抗压特性、果柄切割阻力和黄瓜表面摩擦系数。

1. 黄瓜抗压特性

1) 试验条件与方法

试验黄瓜品种为津绿 4 号，质量：100～250g，瓜体直径：30～40mm。

黄瓜内部种子的分布和外部刺瘤的分布密切相关，果柄和果实边界起 20～30mm 的果实上部几乎不会有刺瘤，刺瘤基本分布在从果实下部前端起果实的50%～80%的位置。另外，果实中部和下半段内部种子较多且较大，抗压能力较低；果实上半段内部几乎没有种子，抗压性较好。为此，综合考虑上述分析结果以及果实上端附近的形状，抓持部位定在距离黄瓜果柄和果实边缘 30～45mm 处。

试验设备为深圳市瑞格尔仪器有限公司生产的微机控制电子万能试验机 RG4000-0.5，如图 4-1 所示。试验采用的压头为平板压头。

图 4-1　电子万能试验机

2) 抗压特性

试验对象为黄瓜上半段无刺瘤部分，其最大直径分别为 32mm、36mm、40mm。试验时将黄瓜放置夹具中，夹具由试验机的固定底板和带球形支承的加载板构成，加载速度为 2mm/min，得到黄瓜径向压缩量与外力载荷(黄瓜两侧受到的夹持力)之间的特性曲线 1、2、3，如图 4-2 所示。

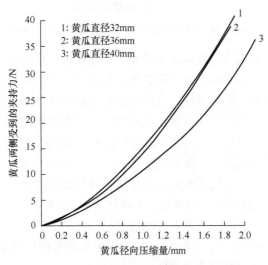

图 4-2　黄瓜抗压特性曲线(加载速度为 2mm/min)

　　图 4-2 中各压缩曲线特性规律大致相同。用平板压头作为加载工具时，在其加载区域内，黄瓜的压缩量随着试验机加载载荷的增加而增大，并且近似呈线性关系，但曲线相对比较光滑，无明显生物屈服点出现，说明黄瓜都还没有达到生物屈服极限，平板与黄瓜的接触面积没有发生很明显的变化，即黄瓜还没有发生明显的变形，从而还远远没有达到黄瓜的破坏极限，从曲线上没有表现出对黄瓜有明显的损伤。

　　第二次试验对象仍然为黄瓜上半段无刺部分，加载速度为 10mm/min，得到黄瓜径向压缩量与外力载荷(黄瓜两侧受到的夹持力)之间的特性曲线如图 4-3 所示。

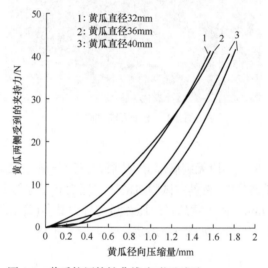

图 4-3　黄瓜抗压特性曲线(加载速度为 10mm/min)

　　图 4-3 中各压缩曲线特性规律大致相同。在黄瓜压缩过程中，当压缩速率从 2mm/min 增加到 10mm/min，且试验机所施加的载荷相同时，黄瓜径向压缩量依次减小。这是因为黄瓜脆嫩多汁，受压时迫使细胞内液体产生流动，当压缩速率很低时，一定时间内载荷对受压果实做功较少，果实细胞内的液体渗透是相对平衡的，细胞内部的静压力较小，随压缩速率增大，对细胞内部液体的束缚力增大，液体的渗透平衡逐渐被破坏，从而表现为黄瓜的抗压能力增大。

　　完成压缩试验后，将黄瓜放置在显微镜下观察其微观组织，发现在受夹持力小于 20N 的情况下，黄瓜没有因夹持力而损坏组织;在夹持力大于 20N 的情况下，黄瓜组织受到损伤，外部留下夹持过的痕迹。

　　从试验结果可看出，当抓持力为 5N 时，黄瓜的径向压缩量为 0.6mm 左右，可以认为果实抓持部位没有受到损伤。

2. 黄瓜果柄切割阻力

1) 试验条件与方法

试验时在试验机的加载板上安装刀片，同时在固定底板上放置软木板，将黄瓜果柄放在软木板上。

2) 果柄切割阻力

加载速度为 1mm/min，得到黄瓜果柄切割阻力值，如表 4-1 所示。

表 4-1　黄瓜果柄切割阻力数据

样本序号	果柄直径/mm	切割力最大值/N	样本序号	果柄直径/mm	切割力最大值/N
1	6.0	5.1	8	4.9	4.6
2	6.0	4.8	9	4.8	4.9
3	5.5	4.8	10	4.6	4.5
4	5.4	4.2	11	4.5	4.2
5	5.2	4.2	12	4.2	3.8
6	5.0	4.8	13	4.0	4.6
7	5.0	3.8	14	4.0	4.3

从试验结果可看出，切割阻力与果柄直径大小呈现非线性关系，切断果柄所需力都小于 5.2N。在实际采摘场合，切割刀片总是以一定的速度运动，若刀片输出力不变，实际切割效果会比静态切割效果更好。因此，认为可以用 5.5N 的力切断黄瓜果柄。

3. 黄瓜表面摩擦系数

1) 试验条件与方法

将表面平整的硅胶平板粘贴在夹具的内侧，试验机带动上夹板将黄瓜夹住并施加一定大小的正压力 N，用一根光杆从黄瓜中部推动黄瓜移动，光杆带有水平导向装置，使黄瓜受到的推力垂直于正压力，在光杆的头部装有一个微型触力传感器 FSG15N1A(美国霍尼韦尔公司生产)，触力传感器的头部装有一个光滑的钢球，触力传感器与黄瓜之间只受到正向推力 F，没有侧向摩擦力，记录黄瓜刚被推动时推力的大小，测试原理图如图 4-4 所示。

2) 摩擦系数

试验得出黄瓜果实上部表面与硅胶表面之间的摩擦系数，如表 4-2 所示。从试验数据可以看出，正压力较小时摩擦系数较大，正压力较大时摩擦系数较小，但相差不大，主要是因为黄瓜外表面并不规整，黄瓜表面与硅胶平板的接触面积大小不一，导致摩擦系数值有一定的波动，其值为 1.2～1.3。

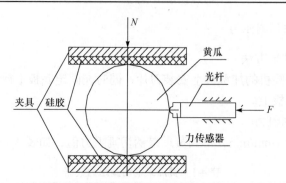

图 4-4　黄瓜表面摩擦系数测试原理图

表 4-2　黄瓜表面摩擦系数数据

样本序号	正压力 N/N	推力 F/N	摩擦系数
1	2	2.64	1.32
2	3	3.98	1.33
3	4	5.25	1.31
4	5	6.61	1.32
5	6	7.36	1.23
6	7	8.78	1.25
7	8	10.22	1.28
8	9	11.01	1.22
9	10	13.44	1.34
10	11	13.54	1.23
11	12	14.83	1.24
12	13	16.41	1.26
13	14	16.98	1.21
14	15	18.14	1.21
15	16	19.66	1.23
16	17	20.97	1.23
17	18	21.63	1.20
18	19	23.09	1.21
19	20	24.25	1.21

4.2.2　苹果抓持特性

为了在不损伤果实表皮的情况下让末端执行器能够抓持到苹果的理想部位并对其施加适当的抓持力，有必要对苹果的相关物理特性进行测定，具体包括抗压特性和果柄切割阻力。

1. 苹果抗压特性

1) 试验条件与方法

试验苹果品种为新鲜红富士，苹果直径为 65～90mm，质量为 120～220g，外表无机械损伤和病虫害伤疤。

试验设备为深圳市瑞格尔仪器有限公司生产的微机控制电子万能试验机 RG4000-0.5，试验过程如图 4-5 所示。

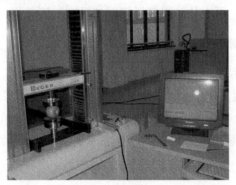

图 4-5　电子万能试验机测试苹果照片

2) 抗压特性

采用 GY21 型果实硬度计对选取的不同成熟度的苹果进行硬度测定，得到苹果所能抵抗最大压强为 0.6～0.9MPa。把试验机平板压头沿苹果的赤道方向施加载荷，压缩速率为 20mm/min，所得试验机施加外载荷 F 与苹果压缩量 ΔL_c 之间的试验曲线如图 4-6 所示。

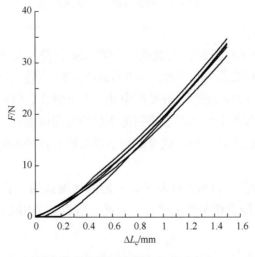

图 4-6　不同成熟度苹果压缩曲线(加载速度为 20mm/min)

从图 4-6 可知，各压缩曲线特性规律大致相同，随着外加载载荷的不断加大，苹果的压缩量也相应增加，两者近似呈线性关系。五条曲线都相对比较光滑，苹果与平板之间的接触部分面积没有发生很明显的变化，说明苹果的生物屈服极限还未达到，当然更没有达到苹果的破坏极限，从接触处看也没有发现苹果有明显的变形或损伤。

从试验结果可看出，当末端执行器对苹果的抓持力为 20N 时，苹果的径向压缩量小于等于 1mm，可以认为果实抓持部位没有受到损伤。

2. 苹果果柄切割阻力

1) 试验条件与方法

将苹果果柄两端固定于专用夹具上，将夹具固定于电子万能试验机的下端基座上，在试验机的上夹板上安装刀具。刀具向下移动进行加载试验，记录位移量与剪切力的相关数据，直到切断果柄。试验原理如图 4-7 所示，加载速率为 36mm/min。

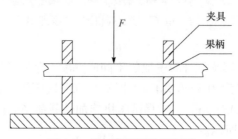

图 4-7 果柄剪切试验原理图

2) 果柄切割阻力

通过试验可得试验机所施加载荷 F 与苹果果柄剪切量 ΔL_s 之间的关系，如图 4-8 所示。随着剪切果柄的开始，剪切力迅速上升，而由于果柄的纤维状组织，剪切过程中发生很多纤维断裂，导致图中曲线上下波动。但其整体趋势还是逐步上升的，说明所需要的剪切力随着果柄剪切量的增加而增大，图中四条曲线的上升速率不同，剪切终点也不同，这是因为苹果果柄的直径不同，成熟度不同，其韧性及强度也不同。

在实际采摘场合，切割刀片总是以一定的速度运动，若刀片输出力不变，实际切割效果会比静态切割效果更好。因此，可以认为用 25N 的力应能切断苹果果柄。

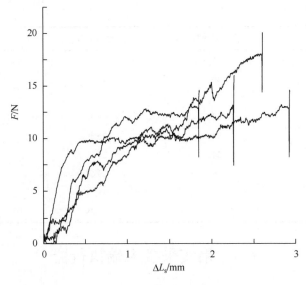

图 4-8　苹果果柄剪切曲线

3. 苹果表面摩擦系数

在本试验中，选用新鲜红富士苹果作为试验对象，表面无机械损伤和病虫害，外形圆度较好。测试苹果与硅胶表面之间的摩擦系数，所采用的试验条件和方法与黄瓜类似。试验得出苹果表面与硅胶表面之间的摩擦系数在 0.8 左右，如表 4-3 所示。

表 4-3　苹果表面摩擦系数数据

序号	正压力 N/N	推力 F/N	摩擦系数
1	2	1.63	0.82
2	4	3.05	0.76
3	6	4.76	0.79
4	8	6.18	0.77
5	10	8.43	0.84
6	12	9.94	0.83
7	14	11.25	0.80
8	16	12.21	0.76
9	18	14.81	0.82
10	20	15.81	0.79
11	22	18.51	0.84

续表

序号	正压力 N/N	推力 F/N	摩擦系数
12	24	19.89	0.83
13	26	19.53	0.75
14	28	21.79	0.78
15	30	24.33	0.81
16	32	26.89	0.84
17	34	28.92	0.85
18	36	29.64	0.82
19	38	31.21	0.82
20	40	33.28	0.83

4.3 果实采摘末端执行器

4.3.1 球形果实采摘末端执行器

采摘机械手设计是采摘机器人设计的一个关键环节。采摘机械手设计的合理与否直接关系到机器人的工作效率和工作性能，而其基本结构取决于工作对象的特性及作业方式。

1. 驱动器及传动方案选择

采摘机械手的作业对象即组织柔软、易损伤的果实，由于空气的可压缩性好，基于气动驱动器的人工关节具有良好的柔顺性，从而使得机械手对果实的不规则外形具有较好的自适应性。因此，采用 FPA 作为机械手的关节驱动器是合适的。

机械手传动系统把驱动器产生的运动和力以一定的方式传递到手指关节，从而使关节实现相应的运动。传动系统的设计与驱动器密切相关，目前机械多指手的驱动系统绝大多数采用了电驱动器(即微型电机)及腱传动系统的组合，电机安装在手掌处，通过腱传动系统将电机的旋转运动或直线运动转化为手指的关节运动。基于腱的传动方式已被大部分多指手采用，在腱传动系统中腱的机械特性、数量，以及在手指中的路径设计对于灵巧手的性能具有较大的影响。腱传动系统的优点如下：

(1) 可以使驱动器与手指本体分离，对手指关节进行远距离驱动，从而减小手指的尺寸和质量；

(2) 与其他传动方式相比，腱传动在结构的紧凑性、研制的灵活性、成本和维护的低廉性方面具有很好的综合指标；

(3) 腱传动是一种零回差的柔顺传动方式，因而可以简化力控制器的设计。

腱传动系统的缺点如下：

(1) 由于腱的刚度是有限的，所以驱动系统表现出一定的滞后，从而降低了位置精度；

(2) 必须对腱进行预紧，这增加了结构的复杂性和装配的难度，同时预紧程度对驱动系统的性能有很大的影响；

(3) 如果腱的张力波动很大，可能会激发系统的振荡，从而引起腱的不稳定或者造成腱的损坏；

(4) 通过腱传动实现关节运动的多指手，由于腱传动存在较大的滑动摩擦力，加上摩擦的非线性特性，会降低多指手输出力的控制精度。

机械手驱动设计面临的一个难题是在有限的尺寸空间实现较多的自由度，同时要保证机械手能够对被抓持物体施加足够大的抓持力。为此，采摘机械手的关节采用由 FPA 直接驱动的弯曲关节，其主要特点如下：

(1) FPA 直接驱动，机械结构简单，不需要外加复杂的腱(或绳索)传动、变速机构；

(2) 易于小型化，且易于维护的开放式机械结构，可采用模块化结构；

(3) 关节输出力矩直接取决于 FPA 内腔压力值，输出力矩的可控性好；

(4) 关节的弯曲部分柔顺性好，同时关节侧向刚度较高；

(5) FPA 由压缩气体驱动，关节动作平滑、功率/质量比高、节能高效、机械噪声低。

2. 手指

由于果实形状各异，果实采摘机械手采用模块化结构。手指数量为 2～3 个，单个手指的关节数为 1～3 个，手指之间的距离取决于具体的果实品种。具体的采摘机械手结构形式如图 4-9 所示。

由于果实表皮组织柔软、易损伤，为此在手掌处和手指内侧增加柔软物，如硅橡胶、海绵等。

(a) 两关节两指结构　　　　　　　(b) 三关节两指结构

(c) 两关节三指结构　　　　　　　(d) 三关节三指结构

图 4-9　采摘机械手结构形式

3. 切割器结构

切割器用于剪断果柄，实现果实与树枝的分离，是采摘机械手的重要组成部分。通常采用刀具剪断、切断果柄或直接拧断果柄，或者采用高压电极切割、激光切割、高压水切割等新型果枝分离技术。采用机械切割方式最为经济，对于切割阻力较小的果柄，由旋转气缸驱动切割刀片；对于切割阻力较大的果柄，先由两侧的旋转气缸驱动收拢杆定位果柄，然后由伸缩气缸驱动切割刀片实施切断动作。

4. 采摘机械手的测控系统设计

两类不同精度等级的采摘机器人末端机械手可用于试验，分别为标定采摘机械手和实用采摘机械手。其中，标定采摘机械手的特点为：安装了压力比例阀，可以控制 FPA 中的气体压力；安装了关节角位移传感器，用来测量关节角度；安装了多个力/力矩传感器，能对指端输出力、指节输出力进行检测和控制。针对某一种果实，用标定采摘机械手进行多次采摘，记录每一次采摘时各个 FPA 中的气压值、各关节角度值、指端力或指节力值，再综合以上各项数据确定实际采摘时各个 FPA 中的气压值。实用采摘机械手的特点为：用于实际的采摘作业，机械手上安装了关节角度传感器和力传感器，关节驱动力的大小由前一类机械手标定；安装了压力比例阀，可以控制 FPA 中的气体压力。这样的设计既可以得到良好的采摘效果，又使得实际采摘作业机械手的控制系统较为简单。

标定采摘机械手的控制系统采用上下位机的二级分布式结构。上位机负责驱动各个关节协调工作，具体包括整个系统管理以及运动学计算、轨迹规划、关节位置控制、手指输出力控制、末端执行器控制等。下位机由多个关节压力控制器组成，每个控制器只负责控制该关节 FPA 中的压力值；同时负责测量各个关节的角度、指端力及指节力。上位机和下位机之间通过控制器局域网络(control area network, CAN)总线通信，这种结构的控制系统工作速度和控制性能明显提高。标定采摘机械手控制系统硬件框图如图 4-10 所示。

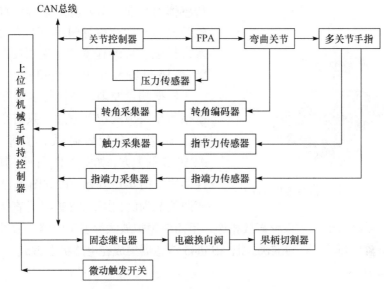

图 4-10　标定采摘机械手控制系统硬件框图

传感器是采摘机械手执行任务不可或缺的基本组成部分，标定采摘机械手配备了转角编码器、指端力传感器及指节力传感器。

为了正确抓持果实，必须对手指进行位形控制。为此，在手指关节部位安装转角编码器。

关节位置信号的检测是多指灵巧手控制的基础。常用的关节位置测量方法主要有位置敏感元件(PSD)测量、电位计测量、码盘测量三种。位置敏感元件测量关节位置，往往导致系统复杂，且其安装、调整难度极大；电位计测量方法具有稳定性高、结构简单、成本低、线性度好、灵敏度高等优点，通过提高工作电压可以改善其灵敏度，但由于电刷和电阻丝之间存在摩擦，该方法只能在低频环境中工作，且电位计体积大，使用寿命短，维护周期短，电噪声大；码盘是直接数字显示传感器，可将角位移转换成数字信号，但是由于其体积过大，不适合在狭小的工作环境下使用，而且需要校准零点。

总结上述测量方法存在的不足，结合标定采摘机械手尺寸以及气动驱动特点，选用由奥地利微电子股份有限公司生产的非接触式、直接数字输出的 12 位可编程角位移传感器 AS5045。AS5045 可以用于精确测量 0～360°范围内的角度，是一个完整的片上系统(system on chip)，单个封装集成了霍尔(Hall)元件，具有模拟量前端输入及数据信号的处理功能。测量角度时，只需简单地在芯片中心的上方或者下方放置一个旋转双极磁铁即可，绝对的角度测量方式可即时指示磁铁角度位置。AS5045 的分辨率达 0.0879°，即每圈 4096 个位置。AS5045 主要有以下几个优点：完整的片上系统；关节与角位移传感器非接触式连接，两者之间无阻尼作用，可以忽略

图 4-11　AS5045 和磁铁的典型布置方式

传感器对弯曲关节本身的影响；直接绝对数字输出，适合在苛刻环境下使用，抗干扰性极强；可编程零位，无须校准；采用 SSOP 16 封装(5.3mm×6.2mm)。

根据测量原理，检测标定采摘机械手手指每个关节的位置信息，只需在关节转轴上放置一个旋转磁铁，且平行置于 AS5045 的上方，如图 4-11 所示，其输出特性曲线如图 4-12 所示。以如图 4-13 所示的弯曲关节为例，由于 AS5045 是直接数字信号输出，可以与单片机系统直接相连，不需要模拟放大等复杂电路，故关节位置检测电路较为简单，更为准确。把 AS5045 传感器集成在电路板上做成一个整体，如图 4-14 所示。

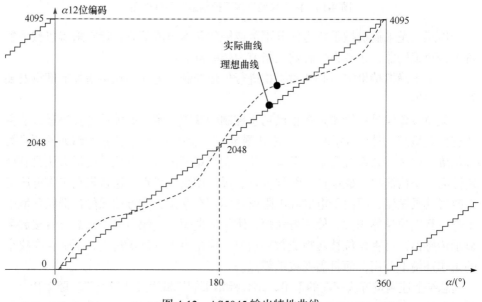

图 4-12　AS5045 输出特性曲线

对于像桃、枇杷、蘑菇之类的脆嫩对象，采摘时常采用指端抓持方式，为此需要对指端输出力进行较为精确的控制，有必要在手指指尖部位安装微型多维力/力矩传感器，以实时检测力/力矩输出，并反馈至计算机进行闭环控制。另外，在目前情况下，微型多维力/力矩传感器价格昂贵，通常只在实验室里使用，无法应用到实际工作场合。

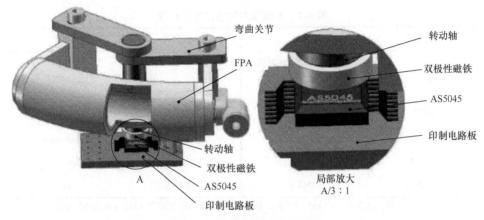

图 4-13　关节角度测量示意图

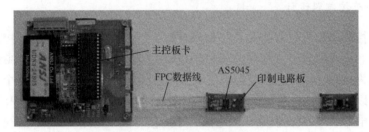

图 4-14　关节位置检测系统实物图

　　试验选用一种小型化的五维指力传感器，安装在采摘机械手的每个手指指端，实物如图 4-15 所示。该五维指力传感器由合肥中科院传感器智能研究所设计制作，采用一种新型的 E 型膜片弹性体结构，将指尖力转换为电信号，经过滤波、放大、解耦处理后，以 CAN 总线方式传输给上位机，其具体的技术参数如表 4-4 所示。

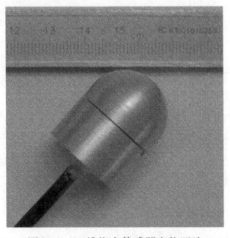

图 4-15　五维指力传感器实物照片

表 4-4　五维指力传感器技术参数

参数名称	参数值	参数名称	参数值
尺寸形状	24mm(直径)/20mm(高度)	质量	25g
维数	$5(F_x,F_y,F_z,M_x,M_y)$	电源	DC +5V
量程	$-20N \leqslant F \leqslant 20N$ $-200N \cdot mm \leqslant M \leqslant 200N \cdot mm$	工作温度	0～50℃
精度	0.5%～1% F.S.	工作湿度	≤ 85%RH
重复误差	≤ 2% F.S.	输出形式	CAN 总线
过载能力	200% F.S.	采样频率	1kHz

注：F 表示力输出，M 表示力矩输出；F.S.是传感器相对于满量程的误差百分数；RH 表示相对湿度。

5. 关节控制器设计

关节控制器实现对弯曲关节的驱动与关节角度的控制，是机械手控制系统的基础部件。设计的关节控制器以 dsPIC30F4012 和 SMC 公司的 ITV0005 系列电-气比例阀为核心，由于各关节控制器电路基本相同，这里仅以其中一个关节控制器为例加以说明。关节控制器总体硬件框图如图 4-16 所示，主要由 dsPIC30F4012 最小系统电路、电-气比例阀驱动电路、压力信号反馈电路、CAN 总线通信模块等组成。

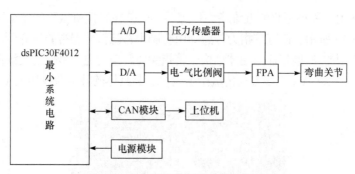

图 4-16　弯曲关节控制器总体硬件框图

dsPIC30F4012 中的 D/A 模块产生模拟电压信号作为电-气比例阀的输入信号，电磁阀自带的压力传感器将压力信号反馈到控制电路，进行校正，直到输出压力与输入信号成正比，压力响应时间为 100ms。通过 CAN 总线通信模块将 FPA 中的压力值传送到上位机。

6. 采摘机械手的测控系统设计

由标定采摘机械手采摘一定数量的果实，并将其作为样本，记录果实的外形特征、质量以及机械手采摘时的姿态、手指关节角度、各个 FPA 中的压力值、各接触点的受力值等要素，对以上各个要素进行综合评估，确定各个关节 FPA 中合适的压力值。在实际采摘时，为了节约成本，使用实用采摘机械手，它只对各个关节 FPA 中的压力值进行闭环反馈控制，对关节弯曲角度及接触点力值进行开环控制，可以说实用采摘机械手的控制系统由多个相互独立的关节控制器组合而成。实用采摘机械手控制系统硬件框图如图 4-17 所示。

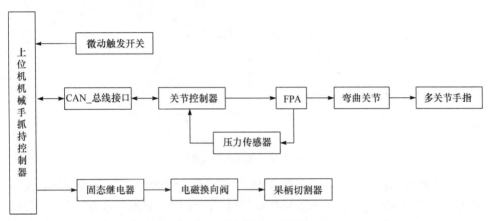

图 4-17　实用采摘机械手控制系统硬件框图

4.3.2　长形果实采摘末端执行器

1. 黄瓜抓持模型分析

黄瓜采摘机械手的抓持器由两个气动柔性弯曲关节构成，利用 FPA 驱动弯曲关节转动，由弯曲关节的活动连杆(即指节)夹紧目标物体。

在理想情况下，抓持器的两个弯曲关节的结构和特性完全一致，充入 FPA 的压缩气体压力值完全相同。抓持目标为黄瓜，并将黄瓜的夹持部位假设为刚性圆柱体。两指节对目标物体抓持力的作用点对称分布，并且力的大小完全相同。基于上述理想状况的描述对二指抓持器抓持模型进行受力分析，A 点为目标物体与抓持器底板之间的接触点，B、C 为目标物体与弯曲关节指节之间的接触点，O 点为弯曲关节的回转中心，如图 4-18 所示，可得关节弯曲角 θ 表达式为

$$\theta = \frac{\pi}{2} - \arctan\left(\frac{r_g - H_g}{a}\right) - \arcsin\left[\frac{r_g}{\sqrt{(r_g - H_g)^2 + a^2}}\right] \tag{4-1}$$

式中，H_g 为关节回转中心到坐标系 x 轴的距离，mm；r_g 为目标物体的半径，mm；a 为抓持器中心到关节的垂直距离，mm。

由图 4-18 所示的几何关系可得关节指节与物体接触点 B 到关节回转中心 O

的力臂长度为

$$L_g = \sqrt{(r_g - H_g)^2 + a^2 - r_g^2} \qquad (4\text{-}2)$$

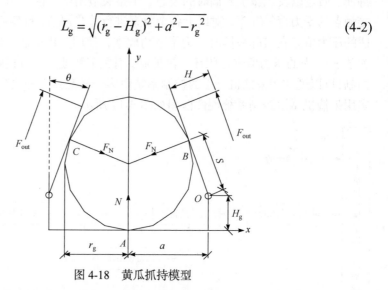

图 4-18　黄瓜抓持模型

为了稳定抓持住物体，首先向 FPA 中充入压力值为 ΔP_{pos} 的压缩气体，使得关节的活动连杆转过 θ 角并和目标物体接触，此时 FPA 的输出力为零。由于目标物体的位置约束作用，关节的弯曲角度保持不变，则橡胶管变形量不变，即橡胶管的弹性力不变，在此基础上，FPA 内腔气体压力值增加 ΔP_N 后，关节的输出力为 F_{out}。关节的活动指节受到 F_N 和 F_{out} 两个作用力。对这两个力以 O 为转动中心建立力矩平衡方程：

$$F_{out}H = F_N S \qquad (4\text{-}3)$$

式中，F_N 为关节指节与目标物体之间的正压力，N。

目标物体受到 F_N 和 N 的作用，设质量加速度垂直于纸面方向，依靠抓持器指节及底板与物体之间的摩擦力克服物体重力 G。具体分析如下：

$$2F_N \sin\theta = N \qquad (4\text{-}4)$$
$$(2F_N + N)f = G \qquad (4\text{-}5)$$

式中，N 为抓持器底板与目标物体之间的正压力，N；G 为物体重力，N；f 为黄瓜与关节指节表面之间的静摩擦系数。

由式(4-2)～式(4-5)可得弯曲关节的 FPA 内腔气压增量 ΔP_N 的关系式：

$$\Delta P_N = \frac{G\sqrt{(r_g - H_g)^2 + a^2 - r_g^2}}{2\pi\left(r_b - \dfrac{t_b}{2}\right)^2 Hf(1 + \sin\theta)} \qquad (4\text{-}6)$$

综上所述，为了有效抓持目标物体，向二指抓持器的 FPA 内腔充入的压缩气体压力必须为

$$P = \Delta P_{\text{pos}} + \Delta P_{\text{N}} \tag{4-7}$$

给定抓持器结构参数：r_{b}=5.25mm，t_{b}=2mm，L_{b}=32mm，E_{b}=2.3 MPa，r_0=25mm，r_{g}=15～20mm，目标物体的参数为：G=5N，f=1.22。对抓持模型进行定量分析，可得到目标物体半径 r_{g} 对 FPA 内腔压力 P 的影响，如图 4-19 所示。

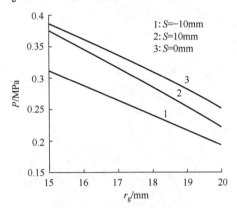

图 4-19　黄瓜夹持模型目标物体半径-压力曲线

从图 4-19 可以看出，FPA 内腔压力随着目标物体半径的增大而减小。主要原因如下：一方面，随着目标物体半径的增大，抓持时所需要的关节角度 θ 减小，则需要的内腔压力 P_0 减小；另一方面，抓持物体所需的力基本不变，即 ΔP 基本不变。关节回转中心到坐标系 x 轴的距离 H_{g} 越小，抓持同样的物体时所需的气体压力值也越小。

若抓持器结构参数不变，目标物体的半径 r_{g}=36mm，目标物体的重量 G=0～20N，可得到关节 FPA 内腔压力 P 与目标物体重量 G 之间的关系，如图 4-20 所示，可见目标物体重量的增加与所需要的 FPA 内腔压力呈线性关系。

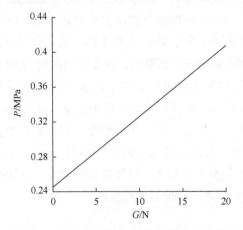

图 4-20　黄瓜夹持模型目标物体重量-压力曲线

2. 黄瓜采摘机械手的机械结构

黄瓜采摘机械手由抓持器和切割器组成，如图 4-21 所示。

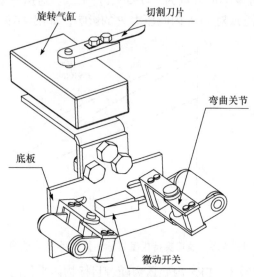

图 4-21　黄瓜采摘机械手

抓持器由两个弯曲关节组成，对称分布在执行器底板的两侧，为了不伤及黄瓜表皮，使其不受损伤，在弯曲关节内侧与黄瓜表面相接触处粘贴了一层柔软的硅胶。为了识别目标物体黄瓜是否与底板接触，底板的中间位置安装有微动开关。

切割器由一个旋转气缸和一把切割刀片构成。旋转气缸安装在底板的上侧，气缸的输出轴上安装了切割刀片。旋转气缸的型号为 CRQBS10-180(日本 SMC 公司生产)，当气压值为 0.7MPa 时该气缸的输出扭矩为 0.3N·m。

从黄瓜触碰微动开关开始，弯曲关节抓持黄瓜，直到刀片割断果柄，这段时间称为末端执行器的采摘时间。试验时，黄瓜采摘次数为 50 次，抓持时间最长为 3.2s，最短为 2.6s，平均抓持时间为 2.95s。在这 50 次黄瓜采摘中，有效采摘次数为 45 次，另有 5 次黄瓜在机械臂移动过程中跌落，抓持成功率为 90%。抓持失败的主要原因为：抓持部位过于靠近果柄所在一端，机械臂在运动过程中抖动较大，使得黄瓜产生较大幅度的晃动，从末端执行器中掉落。果柄切断成功率为 100%，如果瓜藤和叶距离瓜体较近，刀片在切断黄瓜果柄的过程中也会划伤藤和叶。图 4-22 为执行器采摘黄瓜时的试验照片。

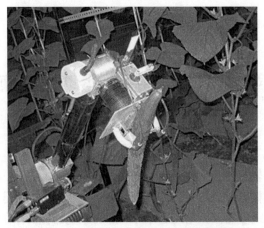

图 4-22　采摘机械手抓持黄瓜试验照片

4.4　本章小结

使用机器人或自动化装备进行农业果实的采收是世界主要农业国家的共同目标。虽然可以采用吸盘、吸筒、网兜、振动落果等方式进行成熟果实的采收，但是这些方式往往较为粗犷，容易对果实造成损伤。被采收果实的脆嫩性要求所设计的机械手具有自适应能力，气体的可压缩性与软体驱动器的弹性使得软体机械手拥有对易损物品无损抓持的良好特性，气动软体末端执行器是一种较为合理的农业果实采收装置。

本章重点对黄瓜和苹果的抗压特性、果柄切割阻力和表面摩擦系数进行分析，根据其特性进行抓持需求分析，并设计气动软体采摘末端执行器。针对黄瓜和苹果两类典型农业果实，设计了适用于长形果实和球形果实采摘的气动软体末端执行器，并进行了相关试验验证。

第 5 章　气动柔性手部运动功能康复器

5.1　引　　言

　　运动功能康复器是机器人在康复医疗领域的一种典型应用,仿生康复是现阶段康复医学及康复器械领域的热点。手部运动功能康复器的研发是康复机器人的主要方向之一。传统的康复器械,尤其是针对手部的康复器械,存在结构简单、自由度少、控制策略单一、运动模式少及适应性、灵活性较弱等不足,限制了手部康复器的进一步发展和应用。气动软体驱动器以其特有的柔性和适应性能够实现与人手的直接接触并进行柔顺、安全的康复训练运动。进行合理的结构设计,又可以实现类似人手五指结构的多指灵巧康复器,以满足手部运动功能康复训练的需求。

　　本章将分析手部运动功能康复的需求和研发现状,以及针对这种需求所设计的康复器结构;采集肌电信号,处理和识别后输入康复器,通过试验验证该控制方法的有效性。

5.2　手部运动功能康复器发展现状分析

5.2.1　手部运动功能康复的社会需求

　　由车祸、工程意外、脑中风等引起的骨折、肢体运动功能损伤及其并发症的发病率有逐年上升的趋势。其中,上肢运动功能的缺失对患者日常生活的影响尤为严重。而此类肢体运动功能缺失多数是由脑干局部神经功能受损,或者是中枢神经系统(central nervous system, CNS)受损引起的[96]。中枢神经系统具有高度的可塑性,试验表明,特定的功能训练能促进中枢神经的重组和代偿,恢复患者的肢体运动功能[97, 98]。因此,在康复治疗过程中,需要用肢体运动康复配合医生的药物治疗,达到最好的康复效果。

　　康复医学是整个医学体系中的一个重要组成部分,是研究伤残病后造成的机体功能障碍,进行康复评估、康复训练、康复治疗,以改善或重建患者身、心、社会功能的一门科学,其主体是康复治疗。其中,物理治疗是康复治疗的一个重要分支。传统的物理治疗主要是指医师通过电疗、热疗或光疗等手段对患者进行一对一治疗,这种物理治疗方法无论在治疗周期方面,还是在最终治疗效果方面,都不是十分理想。除此之外，由于缺乏对患者康复过程客观以及量化的评价和监督，在物理治疗过程中很容易引起意外，导致患者病情恶化。因此，目前物理治疗的内涵已经转变为主要依靠运动锻炼的方式实现康复治疗，即运动康复训练。运动康复训练是一种通过肢体主动和被动训练，逐步恢复运动功能的物理治疗方法。由于康复初期，患者的运动能力较弱，无法进行主动式的康复训练，所以往往需要借助外力进行肢体的康复运动。研究表明：这种依靠外力实现的被动训练能有效地实现神经的康复，同时还能避免因长期无法运动而导致的肌肉萎缩或衰退等现象。康复训练后期，当患者恢复部分运动功能时，可以通过主动运动的训练方式治疗伤患部位。但由于伤患部位的肢体运动功能并未完全恢复，在进行主动运动时，同样需要借助外部设备来完成训练过程。随着科技的进步，运动康复的实现手段正从传统的采用治疗师辅助患者进行运动训练转变为采用各种康复器械，甚至康复机器人帮助患者进行康复[99]。

手是人类日常生活中使用频率较高的肢体部位之一。同时，人手的解剖结构相对复杂。手部外伤术，尤其是手指外伤术后，常会伴有各种后遗症或并发症，严重影响手部的运动功能。由此可见，外伤手术后需要早期的康复护理，以减少上述症状的发病率。一旦上述症状出现，传统的方法是进行外伤术后的二次手术。但是，二次手术不仅费用昂贵，更重要的是会增加患者的痛苦。因此，器械康复治疗作为一种可以代替二次手术的有效方法，慢慢地进入研究者的视线。

目前，手部运动功能康复器主要有两种类型：采用电机控制机械连杆结构的传统康复手，基于气动柔性驱动器设计的新型仿生康复手。前者不仅功能单一，在适用性、安全性和仿生性方面也存在不足。而后者，虽有少数成果已商业化，但由于气动柔性驱动器结构和性能的限制，康复对象被局限在整个手部或者手腕等结构相对较大的关节，无法完成如单根手指或指关节这类结构较小部位的康复训练。

5.2.2　手部运动功能康复器研发现状

传统的手部运动功能康复器采用的是电机控制机械连杆结构的方式，其运动模式单一、运动过程机械，不能对单个手指或手指关节进行康复训练，缺乏灵活性；外形尺寸和重量较大，患者的手部负担较重，便携性差；在控制方面，这类康复器很少能够按照人脑主动运动意识、健康手指自然运动规律进行操作，对患者手指的康复效果不佳。

针对目前手部运动功能康复器在结构设计方面的不足，结合气动柔性驱动器高柔顺性和适应性的特点，国内外的康复器研究者相继将气动柔性驱动器的元素引入康复器的机构设计中。气动柔性驱动器是一种新型的驱动装置，具有不需要减速装置和传动机构、由压缩气体直接驱动、可弯曲、结构简单、动作灵活、功率/重量比大、柔性好等特点。如前所述，典型的气动柔性驱动器有美国原子物理学家McKibben设计的McKibben型PMA[2,100]、日本东芝公司研制的三自由度FMA[13]、Noritsugu等开发的旋转型气动柔性驱动器(pneumatic rotary soft actuatorr, PRSA)[16]、德国卡尔斯鲁厄计算机科学应用研究中心研制的柔性流体驱动器(flexible fluidic actuator, FFA)[17]以及浙江工业大学研制的新型气动柔性驱动器(FPA)[18, 91]。

Sasaki等[101]利用类似于McKibben型PMA的气体柔性驱动器研制了一种用于手腕运动功能恢复的装置ASSIST，该装置通过两侧的气体柔性驱动器拉动固定在手掌上的绷带，带动手掌运动，周期性训练手腕关节达到运动康复的目的，如图5-1所示。

图 5-1　用于手腕运动功能恢复的装置 ASSIST

赵亮等[102]研制连续被动运动(continuous passive motion, CPM)微型手指康复器，该康复器包括电机、调速器、减速器、调幅机构、执行机构等，可以对单个手指进行反复运动训练。张立勋和董玉红[103]的实用新型专利"智能手部康复训练器"公开了一种采用机械连杆机构和电机驱动的手指运动训练的装置。昌立国[104]研制了一种智能仿生康复手，该康复手采用减速电机、拉线轮等机构驱动执行机构的四个刚性手指以带动人手运动，实现被动式运动康复训练。张付祥等采用电机驱动和连杆机构研制了一种CPM手指康复器[105, 106]。

除了上述还处于实验室研究阶段的器械，目前也有商品化的手部运动功能康复器。美国KMI公司研制的Hand Mentor采用的是气动柔性肌肉[107]，柔顺性好，如图5-2所示，缺点是只能帮助手指和腕部一起训练，不能针对手指或指关节进行单独的康复训练。图5-3是日本Nitto Kohki公司生产的ROM-100A型气动式手康复装置，该装置通过压缩气体驱动固定在手掌和手腕部位的气囊迫使手指或手腕活动，从而实现手部关节运动康复，但其活动形式单一，仿生效果不足。上海麦森(MDSIN)医疗器械集团生产的JKS-1型手指关节CPM康复器(图5-4)采用回转运动方式，可设置患指的康复训练活动范围，控制手指的伸屈运动或暂停。韩国RELIVER RL-100型手部康复训练仪(图5-5)、美国Kinetec 8091便携式手部连续被动运动仪(图5-6)等都是已经产品化的手部康复器：韩国RELIVER RL-100型手部康复训练仪与 Nitto Kohki 公司生产的 ROM-100A 型气动式手康复装置的结构和功能类似；美国 Kinetec 8091 便携式手部连续被动式运动仪采用双侧软夹板与人手配合进行康复训练。

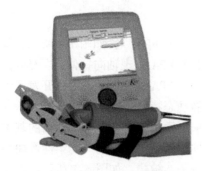

图 5-2　Hand Mentor

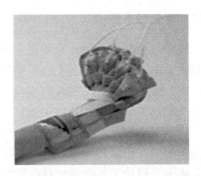

图 5-3　ROM-100A 型气动式手康复装置

图 5-4　JKS-1 型手指关节 CPM 康复器

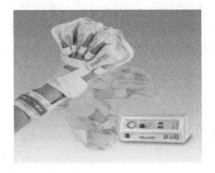

图 5-5　RELIVER RL-100 型手部康复训练仪

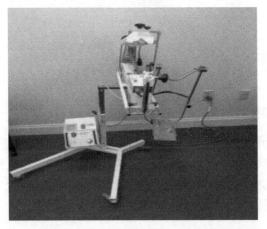

图 5-6　Kinetec 8091 便携式手部连续被动式运动仪

5.3　手部运动功能康复器结构设计

5.3.1　手指基本结构

橡胶管内壁嵌入钢丝来约束橡胶管轴向变形的 FPA[18]，如图 1-8 所示，其两端端盖上的管接头向内腔充入压缩气体，使整个 FPA 呈现轴向拉伸；当释放内腔气压时，橡胶的弹性使 FPA 恢复至初始状态。以 FPA 为基础，进一步开发了以单 PFA 为驱动的气动柔性弯曲关节，分析了其静动态特性[93,108]。

为了便于装配和结构改进，仿生康复手采用模块化设计，各个手指的基本结构完全相同，但在尺寸方面有所差异。在两种不同结构原理的气动柔性弯曲关节的基础上，设计了外骨骼式仿生康复手的手指基本结构，如图 5-7 所示。手指的两个弯曲关节分别对应于人类手指的近指关节和掌指关节。为了简化仿生康复手的整体结构，同时考虑到人类指关节之间连带运动的复杂性和未知性，忽略它们之间的耦合作用，每个关节都采用独立驱动的方式。弯曲关节 I 中 FPA 的轴线与手指轴线平行，而弯曲关节 II 中 FPA 的轴线垂直于手指轴线。

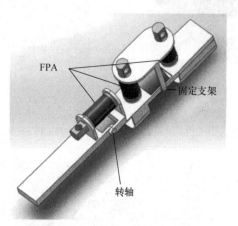

图 5-7　仿生康复手手指基本结构

5.3.2　布局方案和整体结构设计

以人手布局为标准，设计仿生康复手的整体布局方案，并参考人手尺寸比例，优化其结构参数[109,110]。同时，考虑到仿生康复手各个手指之间需要为关节位置传感器预留一定的空间，以人手完全向外张开时各个位置的尺寸为标准，以中指轴线为整体结构的轴线，其整体布局方案如图 5-8 所示。

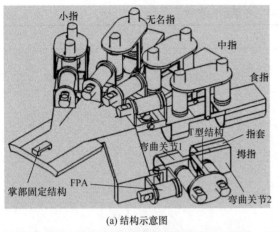

(a) 结构示意图

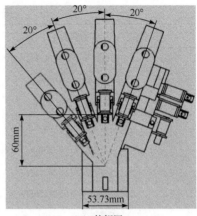

(b) 俯视图

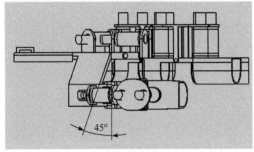

(c) 后视图

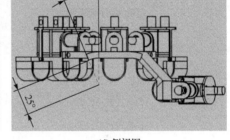

(d) 侧视图

图 5-8　仿生康复手整体布局方案

结合仿生康复手的总体布局方案及手指基本结构，设计仿生康复手原型，其模型及实物照片如图 5-9 所示，主要结构参数如表 5-1 所示。其中，FPA 是用模具压制法制造的，而仿生康复手均采用快速成型技术加工而成，即激光选择性烧结成型技术[111]，制作材料是尼龙材料 PA12，其强度与韧性满足仿生康复手试验的需求。

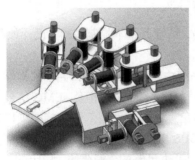

(a) 3D模型

(b) 实物照片(未装配传感器、气管等)

图 5-9　仿生康复手原型

表 5-1　主要结构参数

参数名称	参数值
中指轴线与手轴线的角度/(°)	0
中指关节一长度/mm	50
中指关节二长度/mm	50
食指轴线与手轴线的角度/(°)	20
食指关节一长度/mm	50
食指关节二长度/mm	50
无名指轴线与手轴线角度/(°)	20
无名指关节一长度/mm	50
无名指关节二长度/mm	50
小指轴线与手轴线角度/(°)	40
小指关节一长度/mm	40
小指关节二长度/mm	40
拇指相对于食指的倾斜角度/(°)	45
拇指关节一长度/mm	35
拇指关节二长度/mm	30
手掌部分厚度/mm	6
指套高度/mm	20
指套宽度/mm	20
仿生康复手本体重量/g	99

5.4　手部运动功能康复器控制系统

基于仿生康复手的整体结构和布局，结合其基本控制策略，设计如图 5-10 所示的总体控制系统方案。

由图 5-10 可知，仿生康复手控制系统由工控机、气动回路、控制器三个部分组成：工控机部分为算法提供必要的编译环境，并实时担负 sEMG 信号的分析处理、特征重构以及反馈手指关节的弯曲角度；气动回路部分包括空气压缩机、过滤减压阀、SMC 公司生产的 ITV0050-3BS 电-气比例阀及气管等，此部分的主要任务是为仿生康复手的驱动器装置(FPA)提供足够的、安全的、稳定的气源；控制器主要包括关节位置控制器(即电-气比例阀输出气压控制器)和关节弯曲角度反馈装置，根据反馈至工控机的弯曲角度，对电-气比例阀的输出气压进行修正，实现对仿生康复手弯曲动作的控制。

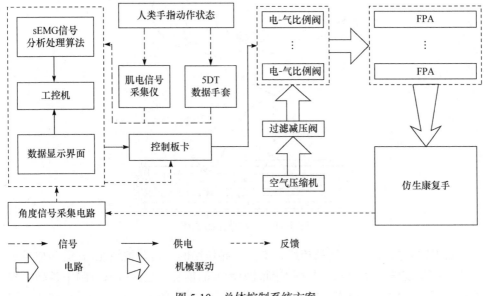

图 5-10　总体控制系统方案

5.4.1　肌电信号采集与预处理

1. 肌电信号的产生机理

人体运动系统主要由骨骼肌组成, 而人的各种形式的肢体运动也是以骨骼肌的活动为基础的。肌肉纤维是骨骼肌的重要组成部分, 运动神经元控制肌肉纤维的活动。一根肌肉纤维仅被一个 α 运动神经元支配, 但是一个 α 运动神经元的轴突在离开脊髓走向肌肉的时候, 其终末可以在肌肉中分成若干个分支, 而每一个分支都可以支配一根肌肉纤维, 当一个运动神经元发生兴奋时, 会引起所有被这个运动神经元所支配的肌肉纤维收缩[112]。一个 α 运动神经元及其所支配的全部肌肉纤维构成一个功能单位, 称为运动单位(motor unit, MU), 从控制功能上看, 运动单位是神经肌肉系统中的最小功能单元, 包含 α 运动神经元、轴突、神经肌肉接头(运动终板区)和肌肉纤维四个主要部分, 如图 5-11 所示。肌肉活动或受到刺激时, 所有募集的运动单位通过连续发放形成的动作电位序列(motor unit action potential train, MUAPT)经过由肌肉、脂肪和皮肤等皮下组织组成的容积导体的滤波作用后在检测电极处的时空叠加以及检测过程中噪声影响的综合结果形成了肌电(electromyographic, EMG)信号[113]。简而言之, EMG 信号是一个运动单位内所有单纤维动作单位(single fiber action potential, SFAP)在时空上综合叠加的结果。

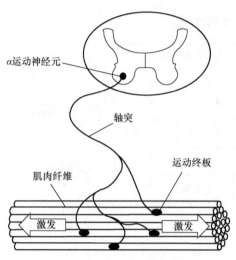

图 5-11　运动单位组成图

　　EMG 信号发源于在运动神经元中占主导作用的 α 运动神经元。α 运动神经元不仅接收从皮肤、肌肉和关节等外围组织传入的信息，也接收来自脑中各高级神经结构发出的信息。而这一类信息的变化将会以兴奋的形式通过 α 运动神经元的轴突传递到相应的肌肉并使其发生收缩活动。这个过程是由骨骼肌的收缩产生人体动作的基本原理[114]。

　　肌肉的运动过程是受大脑控制的。当兴奋产生并开始传导后，在来自突触的刺激下，运动神经元的胞体和树突产生动作电位，此动作电位沿运动神经元的轴突传导到神经末梢与肌肉的接点。一旦运动神经接触到肌肉，其轴突就会分支到若干个肌肉纤维上，每一个分支都会在肌肉纤维处终止，形成一种化学突触结构，叫作运动终板。动作电位传导到轴突末梢并影响神经末梢与肌肉的接点，使其释放乙酸胆碱，进而通过改变运动终板的离子通透性产生终板电位。终板电位可以不断叠加，当其叠加到一定阈值时，就产生可以传导的肌肉纤维动作电位。这个动作电位沿着肌肉纤维传播，通过肌肉纤维内部的变化产生肌肉纤维的收缩。当大量肌肉纤维发生收缩时，就可以产生肌肉力。由此可见，肌肉收缩是由肌肉纤维动作电位的传播引起的。这种传播中的动作电位会在人体软组织中引起电流场，同时在检测电极之间表现为电位差，即肌电信号。

　2. 表面肌电信号的采集

　　由于肌肉纤维被包围在众多肌肉纤维及其他导电性能良好的组织和体液中，运动单元动作电位在传导过程中出现容积导体导电现象，在机体中形成随时间变化且具有一定空间分布的电场，将这种由单个或多个骨骼肌细胞活动时产生的生物电变化通过电极加以引导、放大后记录所得的时间序列就是 EMG 信号[115]。由此可见，准确地采集 EMG 信号使其尽可能完整地表示不同运动模式下肌肉的活动状态是 EMG 信号分析处理和实际应用的前提。合适的信号采集电极摆放位置不仅可以提高采集到的 EMG 信号与动作对应肌肉或肌肉群的相关度，还有降低信号随机性的作用，可以确保采集到的 EMG 信号涵盖尽可能多的与动作相关的肌肉或肌肉群。目前，采集 EMG 信号的方式主要有以下两种。

(1) 侵入式(invasive)采集方式：以植入式电极(图 5-12(a))为测量电极，插入肌肉组织内部，直接采集肌肉纤维附近的 EMG 信号，这种 EMG 信号称为插入式肌电信号(indwelling or intramuscular EMG signal, iEMG)。

(2) 非侵入式(noninvasive)采集方式：以表面接触电极(图 5-12(b))为测量电极，将电极与皮肤表层紧密接触，获取浅层肌肉以及表层皮肤附近的 EMG 信号，这种 EMG 信号称为表面肌电信号(surface EMG signal, sEMG)。

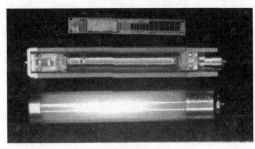

(a) 植入式电极　　　　　　　　　　　(b) 表面电极

图 5-12　采集电极

Farrell 和 Weir[116]、Hargrove 等[117]的研究表明，采用侵入式或非侵入式的肌电采集方式对动作肌电信号的分类效果没有显著影响。对比 iEMG 信号和 sEMG 信号，两者有以下差异：

(1) 在某些条件下，sEMG 信号具有更好的区分性，可能的原因是表面接触电极与人体的接触面积更大，因而信号的采集范围也相对更大。

(2) iEMG 信号具有较高的信噪比。这是由于植入式电极与人体的接触面积小，其空间分辨率较高，能检测出单个或很少几个运动单位，甚至肌肉纤维的动作电位。

(3) 由于 iEMG 信号的采集方式是侵入式的，有可能会破坏人体的肌肉组织；而 sEMG 信号的采集方式具有无创伤采集的优点。

除了以上不同点，两者也有相似之处。在信号采集的过程中，两种采集方式都会引入较多的噪声，噪声大致有以下五种。

(1) 采集设备的固有噪声：这种噪声无法完全消除，只能通过提高采集仪器的精度以降低其对 EMG 信号的影响。

（2）移动伪迹噪声：在采集过程中，移动伪迹噪声是由采集电极与采集部位之间的偏差，或者采集系统的连接线移动引起的。这种噪声可以通过采集方案的改进，或采用合适的滤波器将噪声完全滤出。

（3）环境噪声：采集系统电路的电磁辐射对电子仪器的影响导致的噪声，可以通过密封采集电路的方式尽可能避免。

（4）工频干扰：交流电的工频信号引起的噪声，可以通过滤波器滤除。

（5）生理因素引起的噪声：EMG 信号在人体内传导过程中要经过各层组织，受各种组织的影响而引起的波形相位变异。

其中，生理因素引起的噪声对 sEMG 信号的影响大于 iEMG 信号。因为 sEMG 信号的采集范围较大，能够采集到较远处运动单位的电位信号。这种电位信号在采集到的 sEMG 信号中表现为幅值很小的分量，从而导致无法正常识别，还会影响其他幅值较大分量的识别，因而也将其归于噪声的一部分。

考虑到 sEMG 信号无创伤采集的优点，以及与 iEMG 信号对动作分类效果的相似性，选用 sEMG 信号控制仿生康复手。在试验过程中发现，除了 sEMG 信号，还需同步采集手指关节的弯曲角度，其作用有：对比 sEMG 信号的处理结果和手指关节弯曲角度，验证信号的处理效果；对比仿生康复手关节控制试验的结果与手指关节弯曲角度，以及其应用于实际的可行性。

综上所述，信号采集试验包括两部分内容：sEMG 信号的采集及对应的手指关节角度的采集。图 5-13 所示是信号采集方案图，两种信号的采集分别是通过肌电信号采集仪和数据手套来完成。考虑到两者的对应关系，两个采集试验必须同步进行。因此，在采集试验中，采用同步触发器控制采集开始时间，尽可能减少两个采集系统之间可能存在的延迟时间，消除由不同步引起的信号紊乱或控制误差。

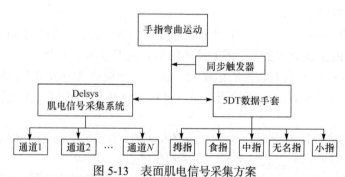

图 5-13　表面肌电信号采集方案

在 sEMG 信号的采集试验中，使用的肌电信号采集系统由美国 Delsys 公司生产的 Trigno 表面无线肌电测试系统及其配套使用的 EMGworks 软件，如图 5-14 所示。该采集系统的采样频率是 2000Hz，具有 16 位 A/D 转换精度，可以同时采

集 16 通道的 sEMG 信号以及 48 通道的加速度信号, 内部传感器之间的延迟时间
小于 500μs, 采集到的信号经过 EMGworks 软件的初步处理后显示在软件界面上。
系统的采集电极与主控制器之间通过无线连接, 无线传输距离最远可达 40m。

图 5-14　表面肌电信号采集设备

在手指关节弯曲角度的采集试验中, 使用的是 5DT 数据手套, 如图 5-15(a)
所示。它是一种采用柔性材料制作, 并在其相应位置安装了传感器以测量手指各
关节角度的手套。该数据手套共有 15 个传感器, 如图 5-15(b)所示, 可以完成对
手指各个关节弯曲角度的测量。

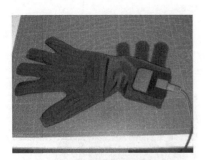

(a) 5DT数据手套及标定板

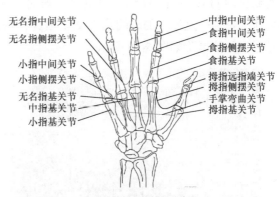

(b) 数据手套传感器分布图

图 5-15　5DT 数据手套及传感器分布图

数据手套采集到的数据是从角度传感器得到某时刻传感器的电压值 V_t。在后
续处理中, 还需根据式(5-1)得到手指关节的实际弯曲角度:

$$\varphi_t = \varphi_0 + k \left(\frac{V_{\max} - V_t}{V_{\max} - V_{\min}} \right)^2 \varphi_r \tag{5-1}$$

式中，φ_0 为弯曲角度初值，°；φ_r 为弯曲范围最大值，°；k 为系数；$V_{\min}$ 为传感器在最小弯曲角度时所对应的电压值，mV；$V_{\max}$ 为在最大弯曲角度时所对应的电压值，mV。

由数据手套的传感器分布图及其工作原理可知，手套采集的是手指单个关节的弯曲角度。根据 sEMG 信号的产生机理和采集方式的特点可知，sEMG 信号代表的是整个手指的运动状态，而非单独的手指关节的运动状态。因此，定义手指的弯曲角度为各指关节弯曲角度之和，并用手指的弯曲角度代表手指整体的运动状态：

$$\theta_{手指} = \theta_{关节 I} + \theta_{关节 II} \tag{5-2}$$

试验过程中发现，指部受伤患者的前臂完整肌肉可以产生与健康者相同的 sEMG 信号[118]。基于此理论，信号采集试验选取无前臂肌肉病病史的健康男性为受试者，年龄为 25～30 岁。基于文献[119]和[120]确定 sEMG 信号的采集部位为以下肌肉组织：拇长伸肌、指浅屈肌、指总伸肌和食指固有伸肌。

采集试验前，先用酒精擦拭前臂相关肌肉部位，以清除皮肤表面的油脂、灰尘颗粒等异物，以消除干扰伪迹；接着，用专用的电极胶布将采集电极粘贴在指定部位，做好试验前的准备工作。每次采集试验采集的是单根手指运动的 sEMG 信号，为了防止由手指之间的连带作用引起的信号混杂，还需将其余四指固定。每组试验的采样时间为 50s，手指按"弯曲—复原—弯曲"的规律进行连续运动，每次"弯曲—复原"的时间约为 2s。因此，每组数据中包括 25 次动作的 sEMG 信号。采集试验如图 5-16 所示。

(a) 试验前　　　　　　　　　　　　　　　(b) 试验中

图 5-16　采集试验

图 5-17(a)所示的 sEMG 信号对应的动作类型是：受试者右手中指连续弯曲。图 5-17(b)是用数据手套采集，由式(5-2)换算得到的掌指关节和近指关节的实际弯曲角度，其中掌指关节对应于康复手的指关节Ⅰ，近指关节对应于康复手的指关节Ⅱ。

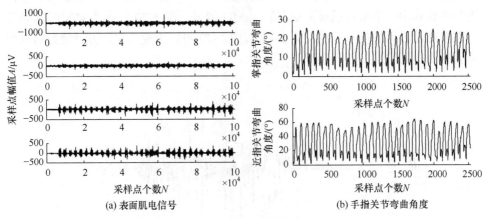

(a) 表面肌电信号　　　　　　　　(b) 手指关节弯曲角度

图 5-17　采集试验结果

由图 5-17 可以发现，当手指弯曲时，近指关节的弯曲角度明显大于掌指关节。基于上述事实，当仿生康复手进行弯曲动作时，其关节Ⅱ的弯曲角度应高于关节Ⅰ。考虑到 FPA 输入气压的不断提高可能会损坏其结构，在限制最高气压的情况下，关节Ⅱ的弯曲性能应优于关节Ⅰ，以满足实际应用的需求。

图 5-18 的数据表明，掌指关节与近指关节的弯曲角度比在 0.4～0.56 浮动，其平均值为 0.4612。为了便于实际应用，将相应的仿生康复手关节的弯曲角度之比设为 0.5，即关节Ⅱ的弯曲角度为关节Ⅰ的 2 倍。

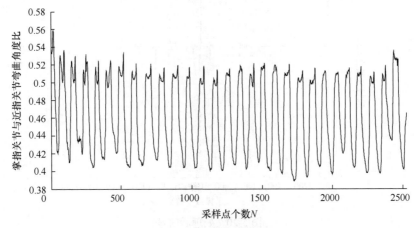

图 5-18　关节弯曲角度比

5.4.2　基于肌电信号的手指动作识别算法

由幅值奇次乘方原理及 sEMG 信号基本特性可知，对不同运动状态的 sEMG 信号进行乘方处理，不仅可以抑制 sEMG 信号中的噪声部分，而且可以使 sEMG 信号的幅值特征得到加权，提高信噪比，放大信号差异。图 5-19 是受试者右手食指弯曲时其中一个采样通道采集到的 sEMG 信号，图 5-20 则是此 sEMG 信号经三次方处理得到的信号。对比图 5-19 和图 5-20 可以发现，三次方处理后信号的幅值特征得到明显的放大。

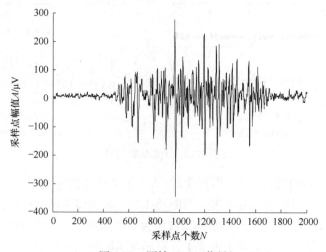

图 5-19　原始 sEMG 信号

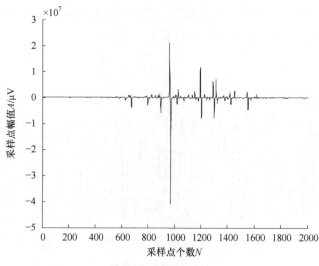

图 5-20　处理后信号

　　在 sEMG 信号试验分析过程中，选取幅值特征和方差特征进行分析是最常用的两种时域统计方法。选取拇指、食指和中指做弯曲运动的 sEMG 信号，以其幅值和方差为特征参数，通过分类器识别其动作类型，对比其处理前后特征参数的识别结果，验证本节提出的基于肌电信号的手指动作识别算法对信号特征的加权效果。分别以预处理前后 sEMG 信号为原始信号，对比稀疏重构后的特征参数曲线与手指自然弯曲角度的符合程度。

　　考虑到分类器训练样本数量对分类器训练效果的影响，图 5-21～图 5-23 分别为拇指、食指、中指弯曲状态以及获取上述三种状态的 sEMG 信号各 100 组作为分类器的训练样本，20 组作为训练后分类器的输入对象，用其分类效果验证本节提出算法对 sEMG 信号的预处理效果。表 5-2、表 5-3 分别是 100 组训练样本中的 5 组预处理前和预处理后四个通道信号的平均幅值和平均方差。

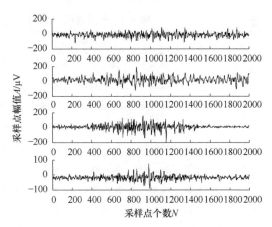

图 5-21　拇指弯曲与其 sEMG 信号

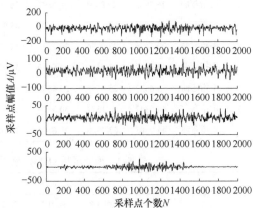

图 5-22　食指弯曲与其 sEMG 信号

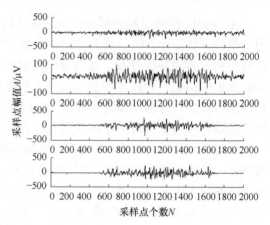

图 5-23　中指弯曲与其 sEMG 信号

表 5-2　预处理前 sEMG 信号平均幅值和平均方差

类别	动作	平均幅值/μV				平均方差/10³			
		通道 1	通道 2	通道 3	通道 4	通道 1	通道 2	通道 3	通道 4
1	拇指弯曲	23.5571	32.3832	21.5072	19.4263	0.7618	1.4571	0.9601	0.1835
1	拇指弯曲	27.0688	61.5687	19.6665	21.0284	1.0377	6.8324	0.6814	0.3003
1	拇指弯曲	26.1695	41.6901	17.2540	19.0032	0.9897	2.7615	0.4955	0.1771
1	拇指弯曲	28.0534	56.5487	15.2920	20.9459	1.1929	5.2187	0.3640	0.2812
1	拇指弯曲	25.2383	46.1988	14.0815	19.2810	0.9481	3.4482	0.2890	0.1761
2	食指弯曲	24.7076	21.9293	9.3724	34.3457	0.9018	0.4043	0.0719	2.0378
2	食指弯曲	28.3886	24.4699	10.0105	26.1565	1.2240	0.7318	0.0991	0.9040
2	食指弯曲	29.9856	28.1534	10.8754	24.7892	1.3779	0.9723	0.1291	0.7169
2	食指弯曲	26.7935	25.8094	9.9052	26.2051	1.0552	0.7715	0.0996	0.9726
2	食指弯曲	26.9024	22.6557	10.8703	48.9459	1.0441	0.4977	0.1183	5.7001
3	中指弯曲	29.5476	23.2376	30.5129	42.8736	1.4316	0.4496	2.2952	3.2925
3	中指弯曲	43.1812	25.6456	31.6640	38.9310	3.4807	0.6989	2.0285	2.3394
3	中指弯曲	55.6527	25.6657	29.4887	31.9374	5.6667	0.6643	1.8967	1.4302
3	中指弯曲	44.6342	25.1572	30.3570	34.6264	3.5884	0.6701	2.1386	1.8543
3	中指弯曲	44.0563	23.7320	33.6244	38.1098	3.3507	0.5437	2.2726	2.1993

表 5-3　预处理后 sEMG 信号平均幅值和平均方差

类别	动作	平均幅值/(10^5μV)				平均方差/10³			
		通道 1	通道 2	通道 3	通道 4	通道 1	通道 2	通道 3	通道 4
1	拇指弯曲	0.5011	1.3347	0.7628	0.1657	0.0018	0.0167	0.0119	0.0002

续表

类别	动作	平均幅值/($10^5\mu$V)				平均方差/10^3			
		通道 1	通道 2	通道 3	通道 4	通道 1	通道 2	通道 3	通道 4
1	拇指弯曲	0.7670	12.8600	0.4320	0.2270	0.7100	2.6498	0.0049	0.0002
1	拇指弯曲	0.7248	3.1292	0.2692	0.1595	0.0052	0.0935	0.0011	0.0008
1	拇指弯曲	0.9719	7.5029	0.1695	0.2098	0.0132	0.5817	0.0003	0.0001
1	拇指弯曲	0.7370	4.6204	0.1273	0.1530	0.0099	0.4355	0.0002	0.0001
2	食指弯曲	0.6722	0.3031	0.0250	2.4644	0.0045	0.0004	0.0001	0.0854
2	食指弯曲	0.9751	0.6416	0.3432	0.9633	0.0109	0.0045	0.0001	0.0255
2	食指弯曲	1.1113	0.7915	0.0444	0.6844	0.0099	0.0047	0.0001	0.0096
2	食指弯曲	0.7976	0.6133	0.0345	1.1452	0.0082	0.0027	0.0001	0.0326
2	食指弯曲	1.1959	0.6547	1.0005	4.0507	0.0147	0.0040	0.0186	1.0111
3	中指弯曲	1.2610	0.3373	3.0488	4.5961	0.0248	0.0005	0.3165	0.2394
3	中指弯曲	4.6603	0.5384	2.0282	2.5846	0.3190	0.0017	0.0635	0.0768
3	中指弯曲	9.9061	0.4796	1.9737	1.4186	4.9841	0.0009	0.0575	0.0221
3	中指弯曲	4.7069	0.5319	2.4730	2.2326	0.3394	0.0030	0.1345	0.1442
3	中指弯曲	3.9431	0.4149	2.4574	2.4261	0.1549	0.0009	0.1103	0.0672

　　当手指的动作状态发生变化时,不同采集部位之间的内在联系存在一定的未知性。如果对 sEMG 信号求其四通道的平均幅值和平均方差,采样点幅值较小的采样通道所含有的动作特征必然会被幅值较大的采样通道所淹没。同时,不同采集部位的肌肉(群)之间的未知联系也可能会被破坏。因此,只能对同一采集通道的 sEMG 信号采样值进行求平均幅值和平均方差处理。除此之外,考虑到特征向量的特征值对分类器分类效果的影响,将平均幅值与平均方差的比值作为特征参数。

　　因此,对于一个通道数为 i,采样点总数为 N 的原始 sEMG 信号 X,其特征参数 f_i 为

$$f_i = \frac{\dfrac{1}{N}\sum_{j=1}^{N}\left|x_{ij}\right|}{\dfrac{1}{N}\sum_{j=1}^{N}(x_{ij}-\overline{x})^2} = \frac{\sum_{j=1}^{N}\left|x_{ij}\right|}{\sum_{j=1}^{N}(x_{ij}-\overline{x})^2} \tag{5-3}$$

式中, j 为采样点个数; $\overline{x} = \dfrac{1}{N}\sum_{j=1}^{N}x_{ij}$, x_{ij} 为第 i 通道上第 j 个采样点的幅值。

　　训练样本的特征向量如表 5-4 所示。

表 5-4 预处理前后特征向量对比

类别	动作	特征参数(预处理前)				特征参数(预处理后)/10⁻⁵			
		通道 1	通道 2	通道 3	通道 4	通道 1	通道 2	通道 3	通道 4
1	拇指弯曲	0.0309	0.0222	0.0224	0.1059	0.2760	0.0799	0.0640	0.9177
1	拇指弯曲	0.0261	0.0090	0.0289	0.0700	0.1082	0.0049	0.0873	1.0294
1	拇指弯曲	0.0264	0.0151	0.0348	0.1073	0.1391	0.0335	0.2448	2.0544
1	拇指弯曲	0.0235	0.0108	0.0420	0.0745	0.0736	0.0129	0.5218	1.3841
1	拇指弯曲	0.0266	0.0134	0.0487	0.1095	0.0743	0.0106	0.5942	1.5085
2	食指弯曲	0.0274	0.0542	0.1304	0.0169	0.1512	0.7470	6.6278	0.0288
2	食指弯曲	0.0232	0.0344	0.1010	0.0289	0.0893	0.1426	3.5850	0.0378
2	食指弯曲	0.0218	0.0290	0.0842	0.0346	0.1126	0.1696	3.3831	0.0712
2	食指弯曲	0.0254	0.0335	0.0994	0.0269	0.0979	0.2280	3.7341	0.0351
2	食指弯曲	0.0213	0.0325	0.0210	0.0148	0.0815	0.1637	0.0538	0.0040
3	中指弯曲	0.0206	0.0517	0.0133	0.0130	0.0509	0.6278	0.0096	0.0192
3	中指弯曲	0.0124	0.0367	0.0156	0.0166	0.0146	0.3163	0.0319	0.0337
3	中指弯曲	0.0098	0.0386	0.0155	0.0233	0.0020	0.5392	0.0343	0.0643
3	中指弯曲	0.0124	0.0375	0.0142	0.0187	0.0139	0.1751	0.0184	0.0155
3	中指弯曲	0.0131	0.0436	0.0148	0.0173	0.0225	0.4477	0.0223	0.0361

5.4.3 手部运动功能康复器运动控制

肌电控制的基本原理是：分析肢体运动时人体产生的生物电信号(EMG 信号等)，通过对比其特征差异，识别不同的动作模式，控制外部设备，使其模拟人类的动作方式。传统的肌电控制理论主要包含以下几方面内容。

在信号的分析环节中，传统的肌电控制理论是以信号的统计量特征(以幅值特征和方差特征为主)作为其特征参数；当肢体动作之间的差异较大时，其对应 EMG 信号的幅值特征会呈现出明显的区分。这类分析简单、差异明显的信号特征在早期的肌电控制研究中深受学者的喜爱。

在控制策略方面，传统的肌电控制策略是典型的"开关控制"：根据不同肢体动作的信号之间的特征差异，设定合适的阈值，当信号特征值达到或超过阈值时，由控制器控制外部设备开始对应动作；当信号特征值低于阈值时，外部设备的动作停止；在整个运动过程，外部设备只有开始和结束两种状态。这种控制策略是以"能否完成目标动作"为核心问题，而"如何完成目标动作"并不在其关注的范围之内。在传统肌电控制的应用范围(假肢控制、末端执行器的远程操作等)内，"开关控制"能较好地实现既定的控制目标，且控制效果较好。

从应用场合的角度，由于只有"开始"和"结束"两种动作状态，传统的肌电控制大多应用于对单一动作精度要求不高的场合。这类应用往往对一个动作的完成过程没有太高的要求，更侧重于能否将不同的肢体动作与 EMG 信号特征参数一一对应，以达到控制外部设备完成多种动作的目的。

基于上述分析，总结传统肌电控制理论的核心内容如下：分析 EMG 信号的特征差异，识别不同的肢体运动方式，并以识别不同动作为目的，通过控制外部设备的"动作开始"和"动作结束"两种运动状态，使设备完成多种运动模式的控制策略。

随着 EMG 信号和肢体动作对应关系的深入研究分析、肌电控制理论及控制策略的逐步完善、外部设备整体结构仿生性的不断提高，传统的肌电控制策略已经无法满足实际应用需求。在实际应用中，不仅要求设备能够识别出肢体的动作意图、区分不同的动作模式，而且要求设备的整个运动过程尽可能地模拟人类肢体运动的习惯和规律，以实现运动过程和运动模式的全方位模拟。

在传统的肌电控制理论基础上，讨论针对一个独立完成的动作模式提出的多点连续肌电控制方法，其核心思想是：用 EMG 信号的某一组特征参数模拟肢体动作的连续变化特征。以现有的 EMG 信号研究基础，无法建立信号特征与动作状态之间准确的数学模型，因此无法获得两者对应关系的具体表达式。但是，当用以表达同一动作信号的连续特征的数量足够多时，可以认为其构成的特征参数曲线近似于连续的特征参数曲线，可以用来模拟肢体动作的变化特征。多点连续肌电控制方法的关键步骤就是根据实际应用的需要，通过 EMG 信号分析处理算法，获得近似于连续的特征参数曲线。

多点连续肌电控制方法和传统肌电控制理论的本质都是用 EMG 信号控制外部设备，使外部设备模拟人类肢体的动作过程。在相同本质的基础上，由于两者的控制目标不同，实现过程也有所区别。两者主要有以下三方面的差异。

(1) 信号特征参数方面：传统肌电控制理论的 EMG 信号特征参数是独立的，每个特征参数从不同角度表征信号的特征；而多点连续肌电控制方法的 EMG 信号特征参数是相关的、连续的，它从同一角度描述信号不同阶段的特征。

(2) 动作状态方面：在传统肌电控制理论中，以预设的阈值为分界线，当信号特征参数的值超过阈值时动作开始,当信号特征参数的值低于阈值时动作结束，外部设备只有开始和结束两种动作状态；多点连续肌电控制方法将 EMG 信号与肢体动作全程对应，每个特征参数代表动作过程中某一时刻的肌肉状态，因此，外部设备的动作状态数量取决于特征参数的数量(在试验过程中,采用一个动作对应于 16 个动作状态)。

(3) 控制目标方面:传统肌电控制理论是以"是否能完成目标动作"作为衡量控制效果的指标,而动作过程并不是其考察的关键,如图 5-24(a)所示;与之不同,多点连续肌电控制方法的控制目标包括"完成目标动作"和"用符合人体实际动作的过程完成目标动作",不仅关注目标动作的完成情况,更关注其过程是否符合人体自然运动规律。

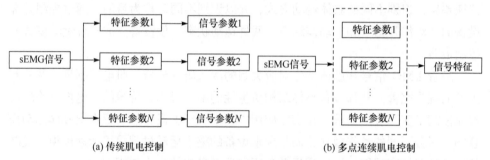

(a) 传统肌电控制   (b) 多点连续肌电控制

图 5-24　特征参数示意图

综上所述,多点连续肌电控制方法需要得到的目标不仅仅是不同动作种类之间的区别,还要得到动作过程中不同时刻动作状态之间的特征区分,如图 5-24(b)所示。相比传统肌电控制理论,多点连续肌电控制方法更深入、难度更大,但其仿生效果更好、发展前景更广。

将一组 2000 个采样点的原始信号重构为只包含 16 个特征点的特征参数曲线。由图 5-10 的控制方案可知,仿生康复手的直接驱动源是电-气比例阀的输出气压,而电-气比例阀的输出气压与其输入电压相对应。因此,需将 sEMG 信号特征参数曲线的 16 个特征点与电-气比例阀的输入电压相对应,从而实现 sEMG 信号对仿生康复手的控制,具体映射关系如图 5-25 所示。

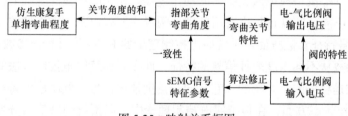

图 5-25　映射关系框图

图 5-25 所示映射关系中,指部关节弯曲角度与电-气比例阀输出气压的映射关系是由弯曲关节自身的特性决定的(分析过程与结果见第 3 章);电-气比例阀自

身的特性决定了其输出气压与输入电压的映射关系,与外界设备或控制算法无关;同时,希望指部关节弯曲角度与 sEMG 信号特征参数始终保持一致,从而使仿生康复手与人手的动作状态一一对应。

根据 ITV0050-3BS 电-气比例阀的说明书,其直线度如图 5-26 所示,其中纵坐标为输出气压值(MPa),横坐标为实际输入电压与最大输入电压的比值(%F.S.)。ITV0050-3BS 电-气比例阀的性能参数如表 5-5 所示。

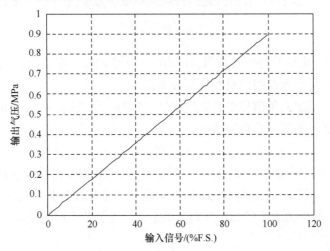

图 5-26　电-气比例阀直线度

表 5-5　电-气比例阀的性能参数

参数名称	性能指标
型号	ITV0050-3BS
供气压力	0.1～1MPa
调节范围	0.001～0.9MPa
最大流量	6L/min(ANR)
供电电源	24VDC@0.12A
输入信号	0～10V
输出信号	0～5V
线性度	±1%

在图 5-14 所示 sEMG 信号的采集试验中,每次变换采集动作类型之前,都需要对 5DT 数据手套进行标定,标定采集手指的初始弯曲角度和最大弯曲角度。标定的目的有:①通过式(5-1)将数据手套采集角度传感器的电压值转换为角度值,获取手指关节的实际弯曲角度;②在求解特征参数与电-气比例阀输入电压之间的

映射关系时，作为基准量与特征参数中的初始值和最大值相对应。

比较表 5-5 和图 5-26 可以得出电-气比例阀输入信号 V 与输出气压 P 之间的关系近似为

$$P = 0.09V \tag{5-4}$$

因此，特征参数与输入电压的映射关系求解步骤如下所述。

步骤 1　对肌电信号分析处理后得到的特征参数值进行归一化处理：

$$f = \frac{f_{\mathrm{m}} - f_{\max}}{f_{\max} - f_{\min}} \tag{5-5}$$

式中，f 为归一化后的特征参数值；f_{m} 为归一化前的特征参数值；$f_{\max}$ 和 $f_{\min}$ 分别为归一化前特征参数曲线的最大值和最小值。

步骤 2　根据采集信号前的标定结果，对归一化后的特征参数曲线进行幅值对应处理，获取关节弯曲角度曲线：

$$\theta_{\mathrm{sEMG}} = f(\theta'_{\max} - \theta'_{\min}) \tag{5-6}$$

式中，θ_{sEMG} 为关节弯曲角度；$\theta'_{\max}$ 为标定的最大值；$\theta'_{\min}$ 为标定的最小值。

步骤 3　按照 1∶2 的弯曲角度比，分配关节Ⅰ和关节Ⅱ的理论弯曲角度。

步骤 4　基于关节Ⅰ的气压与角度关系式，将关节Ⅰ的弯曲角度转换成电-气比例阀的输出气压：

$$\Delta P_1 = \frac{2Et_1}{r_1} \frac{L_1 \frac{\theta_1}{2} \cot\left(\frac{\theta_1}{2}\right) + H_1\theta_1 - L_1}{L_1 \frac{\theta_1}{2} \cot\left(\frac{\theta_1}{2}\right) + H_1\theta_1} \tag{5-7}$$

式中，t_1 为关节Ⅰ的 FPA 初始壁厚，mm；L_1 为关节Ⅰ初始长度，mm；r_1 为关节Ⅰ平均半径，mm；E 为关节Ⅰ橡胶管橡胶弹性模量，MPa；H_1 为橡胶管中心线与弯曲关节轴中心线之间的垂直距离，mm。

步骤 5　基于关节Ⅱ的气压与角度关系式，将关节Ⅱ的弯曲角度转换成电-气比例阀的输出气压：

$$\Delta P_2 = \frac{2Et_2}{r_2} \cdot \left[1 - \frac{2L_2}{\left(\frac{1 + \cos\alpha}{\sin\alpha} + 2E_2 + 2r_2\right) \cdot \alpha} \right] \tag{5-8}$$

式中，t_2 为关节Ⅱ的 FPA 初始壁厚，mm；L_2 为关节Ⅱ初始长度，mm；r_2 为关节Ⅱ平均半径，mm；E_2 为关节Ⅱ橡胶管橡胶弹性模量，mm；α 为关节Ⅱ的弯曲角度。

步骤 6　根据式(5-1)的输入输出关系，得到电-气比例阀的输入电压曲线。

综合式(5-1)~式(5-5),可得出肌电信号特征参数与电-气比例阀输入电压的基本映射关系:

$$V_{input1} = \frac{200Et_1}{9r_1} \cdot \frac{L_1\dfrac{\theta_1}{2}\cot\left(\dfrac{\theta_1}{2}\right) + H_1\theta_1 - L_1}{L_1\dfrac{\theta_1}{2}\cot\left(\dfrac{\theta_1}{2}\right) + H_1\theta_1} \tag{5-9}$$

$$V_{input2} = \frac{200Et_2}{9r_2} \cdot \left[1 - \frac{2L_2}{\left(\dfrac{1+\cos\alpha}{\sin\alpha} + 2E_2 + 2r_2\right)\cdot\alpha}\right] \tag{5-10}$$

式中, V_{input1} 和 V_{input2} 分别表示关节 I 和关节 II 的 FPA 所对应电-气比例阀的输入电压, mV。

图 5-27 是根据特征参数曲线得出的输入电压曲线($\theta'_{max}=90$, $\theta'_{min}=0$)。

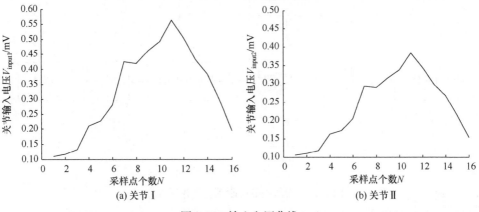

图 5-27　输入电压曲线

5.5　气动柔性手部运动功能康复器试验与效果评价

5.5.1　气动柔性手部运动功能康复器试验平台

气动柔性手部运动功能康复器试验平台主要包括工控机、运动控制板卡、空气压缩机、电-气比例阀和过滤减压阀等必备的气动元件。基于上述气动试验平台搭建的多点连续肌电控制系统主要包括数据采集系统和关节控制系统两部分。其中,数据采集系统由美国 DELSYS 公司生产的 Trigno Wireless System 及其配套使用的 EMGworks 软件与 5DT 指关节数据采集手套组成;关节控制系统分为关节控制和关节位置反馈两部分。

仿生康复手的指部关节控制系统是整个仿生康复手控制系统的核心部分，直接决定了多点连续肌电控制方案的控制效果。以 dsPIC30F4012 单片机和日本 SMC 公司生产的 ITV0005 系列电-气比例阀为核心设计了指部关节控制系统。仿生康复手各个指部关节的控制系统构成相同，包括 dsPIC30F4012 最小系统、电-气比例阀、CAN 总线通信模块等。如图 5-28 所示，dsPIC30F4012 中的 D/A 转换模块会根据上位机(工控机)sEMG 信号分析软件的结果产生模拟电压信号控制电-气比例阀输出气压，而电气比例阀内的压力传感器将输出气压信号反馈至控制电路，进行修正，直到电-气比例阀的输入电压信号与实际输出的气压信号相对应，其中选用电-气比例阀的气压响应时间约为 100ms。在获取气压反馈信号并对其进行修正的同时，控制电路通过 CAN 总线将 FPA 中的气压值传送到上位机(工控机)，进行再次运算修正。

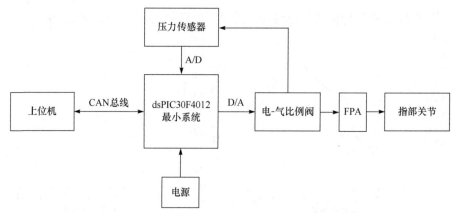

图 5-28 指部关节控制系统总体硬件框图

对仿生康复手的手指进行精确控制，需要指部关节位置信号反馈。前面提到常用的关节位置测量方法有位置敏感元件（PSD）测量、电位计测量、码盘测量等，这些位置反馈方法各有其优劣。PSD 测量方法的特性增加了系统结构的复杂度，限制了其应用范围；电位计测量方法相对稳定，结构简单，线性度好，但电刷与电阻丝之间的摩擦使其只能在低频环境下使用；码盘测量方法由于码盘体积的限制，不适合用于手指关节中。

综合考虑以上测量方法的优缺点，结合仿生康复手的结构尺寸以及气动驱动特点，选用由奥地利微电子股份有限公司生产的非接触式、直接数字输出的 12 位可编程角位移传感器 AS5045，其和磁铁的典型布置方式见图 4-11。

关节位置反馈系统主要包括主控板卡、柔性印制电路板(FPC)数据线以及载有 AS5045 的印制电路板(PCB)，其中主控板块与工控机之间采用 CAN 总线通信方式，如图 5-29 所示。根据测量原理，检测仿生康复手各个关节的位置信息，只需在关节转轴上放置一个旋转磁铁，且平行置于 AS5045 的上方。

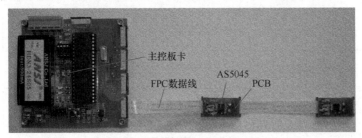

图 5-29　关节位置检测系统实物图

5.5.2　软件实现

在多点连续肌电控制系统中，软件主要完成以下几个任务：

(1) 将采集到的 sEMG 信号及其对应的手指实际弯曲准确、直观地在控制系统软件界面上显示出来，并通过设计的神经网络分类器识别运动部位。

(2) 实时显示 sEMG 信号每一阶段的分析结果，包括数据流分割、预处理、稀疏分解和数据段特征重构等，使整个分析处理流程更直观；同时，根据式(5-4)得出的电-气比例阀输入电压与输出气压之间的近似关系，获取电-气比例阀的输入电压值。

(3) 实时显示其指部关节的实际弯曲角度，并与 sEMG 信号对应的手指实际弯曲角度对比，进行闭环控制，提高多点连续肌电控制系统的控制精度。

基于上述任务需求，多点连续肌电控制系统软件的上位机部分的设计方案如图 5-30 所示。集成算法的 sEMG 信号分析处理部分的程序在 MATLAB 编译环境下编写，机构控制和数据反馈部分的上位机程序采用的是 Delphi7 编译环境。

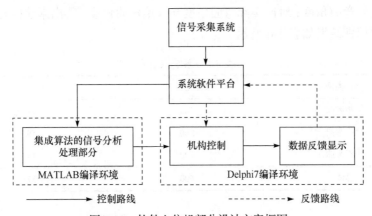

图 5-30　软件上位机部分设计方案框图

综合 sEMG 信号预处理及分析算法，其信号分析处理软件的具体处理流程如图 5-31 所示。

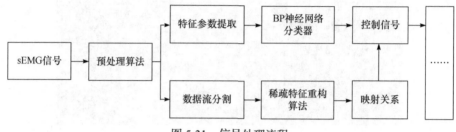

图 5-31　信号处理流程

5.5.3　系统试验效果评价

本节的多点连续肌电控制试验将分为三种不同动作，即拇指弯曲、食指弯曲和中指弯曲。采集试验以两名健康男性为对象，让每位受试者分别完成上述三种动作。每一组的采集时间为 50s，完成相应动作 25 次。为了排除连续动作引起的肌肉疲劳对信号的影响，每一组中的每次动作间隔 1s。每种动作 8 组，即每种动作 200 个样本信号。系统效果以识别率和控制精度两项指标进行评价。具体步骤如下：

(1) 将采集的 sEMG 信号导入上位机，按照图 5-31 所示的 sEMG 信号处理流程，获取用于模式识别的神经网络分类器输入向量(特征参数向量)和用于多点连续肌电控制的特征参数曲线。

(2) 根据设计的神经网络分类器的输出结果，得出系统对 sEMG 信号的识别率。

(3) 在样本的动作模式识别成功的基础上，根据 5.4.3 节提出的映射关系求解仿生康复手的理论弯曲角度及其控制信号。

(4) 基于求得的仿生康复手关节控制信号控制手关节弯曲，并通过反馈系统测量其实际弯曲角度；对比实际弯曲角度与理论弯曲角度，得出系统的控制精度。

试验识别结果如表 5-6 所示。

表 5-6　系统识别率

动作类型	样本总数/个	成功数/个
拇指弯曲	200	193
食指弯曲	200	195
中指弯曲	200	190
总体	600	578

表 5-6 的数据显示，系统的整体识别率为 96.33%；拇指和食指的识别率分别为 96.5%和 97.5%，略高于中指的 95%。分析识别失败的原因，可能有以下几点。

(1) 分类器训练样本数量不足，导致训练不充分；信号采集过程中动作的不稳定导致信号特征紊乱；采集部位偏移对信号特征产生影响；手指连带作用对信号特征产生影响。

(2) 食指和拇指的识别率略高于中指，可能是因为中指进行弯曲运动时，其连带作用明显要强于拇指和食指，连带作用对中指 sEMG 信号特征的影响要大于其余两指；中指运动时所涉及的肌肉组织可能要多于拇指和食指，其采集部位偏移对其造成的影响也要大于其余两指。

拇指、食指和中指的各关节弯曲角度控制结果如图 5-32～图 5-34 所示。

分析上述试验数据可以发现，关节位置控制的绝对误差最大值为 2.2680°，出现在拇指关节 II 的第 5 个采样点(对应于信号特征参数的采样点)；最小值为 0.1546°，出现在拇指关节 I 的第 9 个采样点；除了出现最大值的采样点，其余点的差值均

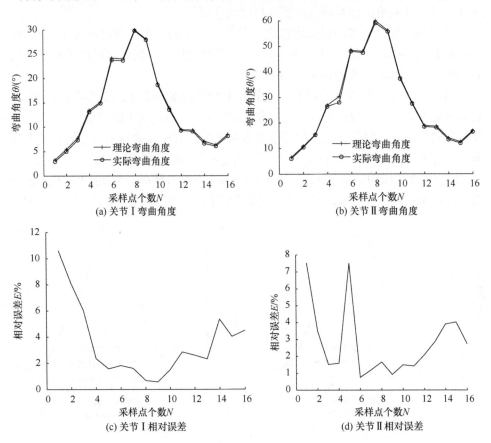

(a) 关节 I 弯曲角度　　　　　　　　　(b) 关节 II 弯曲角度

(c) 关节 I 相对误差　　　　　　　　　(d) 关节 II 相对误差

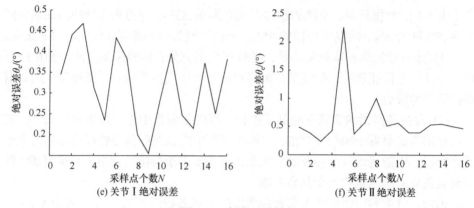

图 5-32　拇指试验结果

小于1°，平均误差角度为0.4902°；而其总体的平均误差角度为0.5087°；考虑到每个采样点的理论值相差过大，单从绝对误差值考察系统的控制精度过于片面。因此，以下从关节的相对误差角度分析试验数据。

在起始阶段，关节的误差均较高，其中，中指的两个关节都出现了100%的相对误差值(关节Ⅰ两次，关节Ⅱ一次)，食指的关节Ⅰ在起始阶段的相对误差达到20%左右，其余关节均在8%~10%。

当进入FPA持续充气阶段时，关节的相对误差逐渐降低，最低降至0.55%。总体来说，在这个阶段相对误差稳定在2%左右，并未出现大的波动。

在动作结束的阶段，关节的误差又有所升高，其中，食指关节Ⅰ的误差上升至25%左右，关节Ⅱ升至12%左右，其余各关节均控制在4%左右。

综合三个阶段的试验数据，如排除100%误差的意外情况，关节的平均相对误差为5.46%；而关节动作完成过程中的误差要略低于开始阶段和结束阶段，为2%~3%。

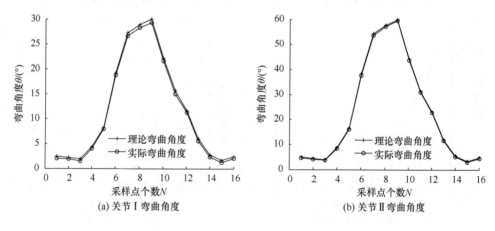

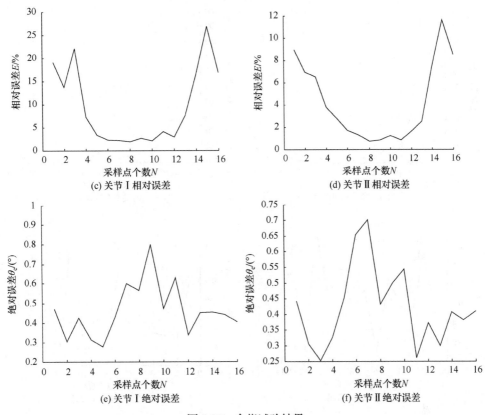

图 5-33　食指试验结果

分析其原因，可能是：仿生康复手采用的是压缩气体驱动的方式，当电-气比例阀开始输出气压时，由于 FPA 内腔气流的影响，内腔气压不稳定，从而导致初始阶段误差较大；而在持续充气后，FPA 内腔气压趋于稳定，控制误差显著下降，并趋于稳定；在动作完成后，由于 FPA 开始放气，其内腔气压下降，出现了误差

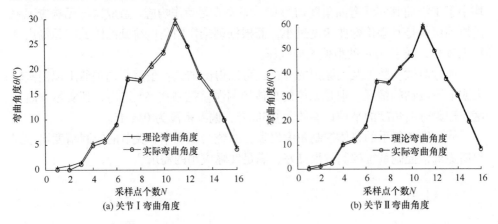

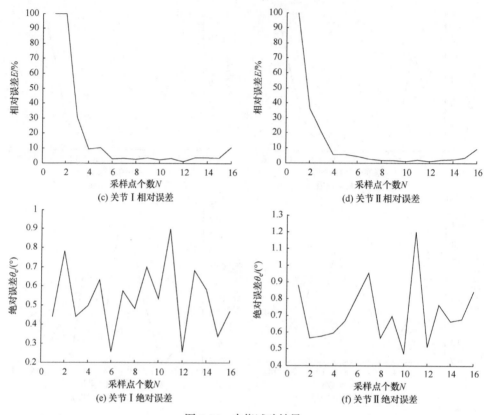

图 5-34　中指试验结果

上升的情况。除了个别关节出现大幅度的误差反弹，总体来说，这个阶段的误差还是处于平均误差之下，在可控的范围之内。

出现 100%误差的控制采样点是中指关节Ⅰ的第一点和第二点，以及中指关节Ⅱ的第一点，这三个点的理论弯曲角度值分别是 0.4403°、0.7818°和 0.8806°，均小于 1°，而其实际弯曲角度均为 0°，即关节无动作响应。造成这种无响应现象的原因可能是其理论弯曲角度过小，而根据理论弯曲角度得到的阀的实际输出气压也较小，低于 FPA 的最低响应气压。

通过对试验数据及其原因的分析，可以得出结论：虽然个别关节出现误差较大或上下波动的情况，但是系统的总体控制误差控制在 5%之内，其实际弯曲角度与理论弯曲角度的平均偏差约为 0.5087°，偏差范围为 0°～1°。

从仿生康复手的整体控制角度出发，系统的识别率和关节的控制精度均达到预期要求，控制系统控制效果良好，满足实际应用的需求。

5.6 本 章 小 结

　　本章将柔性关节驱动器应用于手部运动功能康复器，根据人类手指运动关节特性对布局方案和整体结构进行设计；采集了肌电信号进行分析，利用 sEMG 信号将肌电控制策略作为康复器的运动控制方法；在此基础上提出多点连续肌电控制方法，根据实际应用的需要，通过 sEMG 信号分析处理算法，获得近似于连续的特征参数曲线，从而实现运动过程和运动模式的全方位模拟。

　　本章介绍的仿生康复手，采用自主研发的 FPA 直接驱动，结构简单、便于控制、易于实现整体结构的小型化、具有良好的被动柔性，同时其刚性结构保证了整体刚度。仿生康复手的多点连续肌电控制策略使其符合人手的自然运动规律和动作习惯，更能体现仿生康复的概念。

第 6 章　气动刚柔耦合多指灵巧手设计

6.1　引　　言

手是使人能够具有高度智慧的三大重要器官之一，经过了 400 万年的进化，人手成为大自然创造出来的最完美的工具。多指灵巧手是机器人系统中最重要部件之一，近五十年来得到科学家和工程界的持续投入。软体机器人研究的兴起，促使一部分研发人员思考并实施了软体或柔性多指灵巧手的研发工作。将软体驱动与刚性机构相结合，更能够兼顾软体机器人和刚性机器人的优点。

柔性多指灵巧手是气动软体驱动器的一个重要应用，该类灵巧手以气动软体驱动器作为驱动、执行机构，结构简单、功率/重量比大、动作灵活，且具有相当的柔性和适应性，可应用于服务机器人、农业果实采摘机器人、医疗康复机器人等，得到社会各界的广泛关注。

6.2　多指灵巧手发展现状分析

1974 年，日本电子技术实验室(Japanese Electronic Technology Laboratory)研制出 Okada 灵巧手，这是早期灵巧手的典型代表。如图 6-1 所示，该灵巧手有 3 个手指，分别模仿人手的拇指、食指和中指，其中，拇指有 3 个自由度，拇指和中指分别具有 4 个自由度。手指的各个关节采用直流电机驱动，电机设置在手外，采用电机-柔绳的传动方式驱动各个关节的运动。Okada 灵巧手不仅能够抓持物

图 6-1　Okada 灵巧手

体，而且可以对物体进行简单的操作，如拧螺丝等[121,122]。但是该灵巧手没有明显的手掌，也没有触觉、位置和力等传感器。

20 世纪 80 年代初，美国斯坦福大学 Salisbury 探索了多指灵巧手的基础设计理论和控制方法，并从运动学观点出发，系统研究了灵巧手与目标物体之间的接触力模型，首次提出借助安装在多指灵巧手上的传感器，如力/力矩传感器，来实现多指灵巧手对目标物体的稳定抓持和灵活操作[123,124]。同时，Salisbury 还研制了 Stanford/JPL 灵巧手，如图 6-2 所示。该灵巧手没有严格意义上的手掌，有 3 个完全一样的手指，拇指相对于其他两个手指布置，每个手指具有 3 个自由度，同样采用电机带动柔绳的驱动方式[125]。其最大特点是：当指尖位置确定后，抓持姿态就可以唯一确定，没有冗余度，因此无法像人手一样进行灵活操作。与 Okada 灵巧手不同的是，该灵巧手安装了电机位置传感器、张力传感器、指尖力传感器和触觉传感器，可以实现更为精密的抓持。

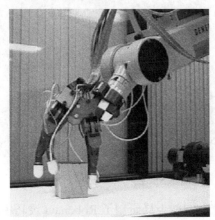

图 6-2　Stanford/JPL 灵巧手

1997 年后，德国宇航中心先后研制出两代多指灵巧手，即 DLR-Ⅰ和 DLR-Ⅱ灵巧手[126-130]，如图 6-3 和图 6-4 所示。DLR-Ⅰ灵巧手配置了位置、速度、温度、力矩、触觉等传感器，当时被认为是世界上最复杂、智能化和集成化最高的多指灵巧手；整个手由 1000 个机械零件、1500 个电子元件和 112 个传感器组成。DLR-Ⅰ灵巧手由 4 个完全相同的手指组成，每个手指具有 4 个关节，末端两个关节存在耦合关系，因此每个手指具有 3 个自由度；手指各个关节采用微型直线电机驱动，同时采用电机-柔绳传动方式，所有的驱动器集成在手掌或手指中，减小了手的整体尺寸，同时柔绳的传动距离大大减小，提高了控制的可靠性和动态响应性；但是，DLR-Ⅰ灵巧手过于复杂，很多零件都是非标准件，加工装配较为麻烦，实用性不足。在 DLR-Ⅰ灵巧手的基础上，德国宇航中心又开发了 DLR-Ⅱ灵巧手，与 DLR-Ⅰ灵巧手相比，DLR-Ⅱ灵巧手具有以下特点[131]：

图 6-3　DLR-Ⅰ灵巧手

(1) 采用开放式和面向抓持任务的机构设计方法，继承 DLR-Ⅰ灵巧手的模块化设计思路，具有更好的互换性。

(2) 采用新型的直流无刷(BLDC)电机与谐波减速器(harmonic drive)相结合的驱动方式，以及皮带传动和差动齿轮传动(differential bevel gear transmission)机构，使得 DLR-Ⅱ灵巧手的指尖输出力从原来的 10N 增加到 30N。

(3) 灵巧手与中央控制器之间的电气线从最初的 400 多条减少至 12 条，从而使控制的可靠性得到了很大的提高。

(4) 拇指增加了一个相对于手掌转动的自由度，使得 DLR-Ⅱ灵巧手不仅能够抓持目标物体，而且能够对其进行灵活操作。

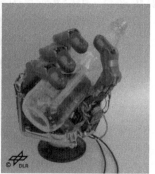

图 6-4　DLR-Ⅱ灵巧手

1999 年，美国国家航空航天局研制了 Robonaut 灵巧手(又称 NASA 灵巧手)，如图 6-5 所示。该灵巧手基于面向抓持任务原则而设计，主要用于国际空间站舱外作业，包括 1 个前臂、1 个手腕和 1 个多指灵巧手，其中手腕具有 2 个自由度，手掌具有 1 个自由度，拇指、食指和中指各有 3 个自由度，其他两指分别各有 1 个自由度，整个手的自由度以及关节、手指数量是根据任务需要而定，并进行了合理配置；Robonaut 灵巧手的关节采用直流无刷电机驱动，14 个电机安装在前臂内，通过柔绳传递动力；传感器方面，Robonaut 灵巧手只集成了满足控制需求最基本的位置和力传感器，其非常接近人手，能够使用一些日常工具对目标物体进行简单操作。

中国在多指灵巧手方面的研究与国外相比尚存在一些差距，早期从事这一领域研究的科研机构与大学相对较少，开发多指灵巧手的企业更是稀少。直到 20 世纪 80 年代后期，国内的一些科研机构和大学才开始展开这方面的研究工作，哈尔滨工业大学、北京航空航天大学、国防科技大学、浙江工业大学等相继开发出自己的多指灵巧手，这些灵巧手的结构存在相似之处，但在驱动方式上各有不同，汲取了国外灵巧手的一些设计优点，大多采用电机驱动以及电机带动柔绳的驱动方式。

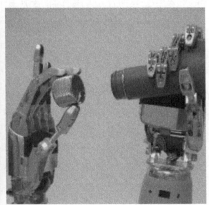

图 6-5　Robonaut 灵巧手

哈尔滨工业大学机器人研究所研制了 HIT 灵巧手[132]，如图 6-6 所示。为了实现系统的模块化，HIT 灵巧手由 4 个完全相同的手指组成，其中大拇指与其他 3 指相对放置，每个手指有 4 个关节，3 个自由度，12 个直线电机放置在手掌部位，采用电机-柔绳传动机构传递运动和力。

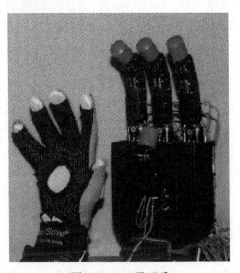

图 6-6　HIT 灵巧手

北京航空航天大学于 1993 年首先研制了中国第一台三指的 BH-1 灵巧手[133]，并在此基础上不断改进，先后研制了 BH-2、BH-3 和 BH-4 灵巧手[134,135]。如图

6-7 所示，BH-3 灵巧手结构上与 Stanford/JPL 灵巧手相似，具有 3 个手指，没有明显手掌，每个手指具有 3 个自由度；图 6-8 是 BH-4 灵巧手，该手具有 4 个手指，每个手指具有 4 个自由度，通过直流电机配齿轮减速带动柔绳的驱动方式驱动关节运动，该手主要为灵巧操作研究及相应技术开发与应用提供试验平台。传感器方面，BH 系列手仅配置了必要的关节位置传感器及指尖六维力传感器。

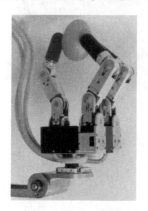　　　　

图 6-7　BH-3 灵巧手　　　　　　　图 6-8　BH-4 灵巧手

随着多指灵巧手研发的进一步深入，越来越多的研究人员发现电机带动柔绳驱动方式中的柔性传动环节严重影响了多指灵巧手抓持及操作性能的提高。随着小体积大扭矩微型驱动电机技术的不断革新，例如，目前瑞士 Maxon 公司能够提供直径 6mm、输出功率 1.2W 的微型电机，将微型电机直接置于手掌或手指内部并采用刚性传动(齿轮或连杆等)的方式是目前电机驱动多指灵巧手的发展趋势。将电机内置弥补了柔绳传动方式的不足，没有了柔性环节，手指的运动学和动力学模型更加容易建立，这种电机内置的多指灵巧手更加集成化。

Gifu 灵巧手[136]是采用电机驱动及刚性传动方式的灵巧手中较有代表性的多指灵巧手，是由日本岐阜大学(Gifu University)于 2002 年研制的，目前已经发展到 Gifu Ⅲ型[137]，如图 6-9 所示。Gifu Ⅲ灵巧手设计了左右手，每只手有 5 个手指，手指相对于手掌的布局完全模拟人手。拇指有 4 个关节、4 个自由度，其他四指结构相同分别具有 4 个关节、3 个自由度，其中末端第三和第四两个关节通过连杆机构由一个微型直流电机驱动耦合运动。手指第一和第二关节采用微型直流电机驱动，两个关节的轴通过非对称式差动齿轮十字交叉于一点；所有电机都嵌入手掌与手指内，为了增强手的刚性，减速器采用行星齿轮式；为了消除齿侧间隙，采用冠齿轮，而非锥齿轮。Gifu Ⅲ灵巧手指尖安装了六维力/力矩传感器，手指与手掌上分布了阵列式触觉传感器。

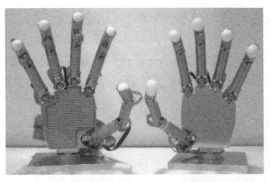

图 6-9　Gifu Ⅲ灵巧手

尽管 DLR-Ⅱ灵巧手已经是世界上最好的灵巧手之一，但由于 DLR-Ⅱ灵巧手驱动系统中所采用的直流电机都是定制的，而且所有的霍尔传感器都必须使用胶水粘贴，再加上高度集成化，整个手的制造和装配相当困难。从 2001 年开始，哈尔滨工业大学在 HIT 灵巧手研发经验的基础上，与德国宇航中心联合研制出 HIT/DLR 灵巧手[24,138]，如图 6-10 所示。HIT/DLR 灵巧手具有 4 个相同的模块化手指，每个手指有 4 个关节、3 个自由度，拇指另有一个相对于手掌开合的自由度，手指的各个关节采用体积小、重量轻的盘式电动机+谐波减速器方式驱动，所有电机都分布在手掌和手指中。

图 6-10　HIT/DLR 灵巧手

相较于 DLR-Ⅱ灵巧手，HIT/DLR 灵巧手具有以下优点：

(1) 体积更加小，外观更加接近人手。

(2) 用基于 DSP/FPGA(数字信号处理/现场可编程门阵列)的 PCI(外设部件互连)总线代替了昂贵的 VME(VersaModel Eurocard)总线，选用标准商用的无刷直流电机，大大节约了成本。

　　(3) 控制器与灵巧手之间的电气线从 12 条减小至 5 条，可靠性得到了进一步提高。

　　(4) 传感系统得到进一步改善：用非接触式的霍尔元件代替接触式的传感器；关节力矩传感器水平放置，减小了手指的长度；每个手指安装了更加小型化六维力/力矩传感器。

　　2009 年，日本奈良先端科学技术大学院大学(Nara Institute of Science and Technology, NAIST)研制出新一代的多指灵巧手 NAIST，如图 6-11 所示[139]。该多指灵巧手有 4 个手指，共 12 个自由度；每个手指有 3 个自由度，其中近指关节具有 2 个自由度，由两个电机驱动，中指关节和远指关节通过连杆机构耦合，由一个电机驱动。目前以电机驱动-刚性机构传动的多指灵巧手采用以下结构：其驱动近指关节的电机放置在手掌，驱动中指关节和远指关节的电机放置在手指内。这样设计的缺点是电机功率限制使得指尖输出力不够大，同时也增大了近指关节驱动电机的负荷[123,124]。NAIST 灵巧手的特点是所有的驱动电机放置在手掌内，采用一种创新的三维驱动齿轮驱动各个关节运动，手指内没有设置电机使得手指的结构更加紧凑，而且不会增加近指关节驱动电机的负荷，如图 6-12 所示。

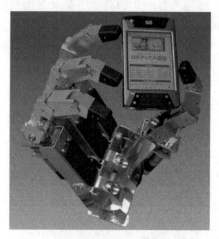

图 6-11　NAIST 灵巧手

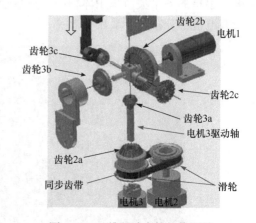

图 6-12　三维驱动齿轮的装配图

　　1980 年，美国麻省理工学院(MIT)和犹他大学(The University of Utah)联合研制了 Utah/MIT 灵巧手[140]，如图 6-13 所示。Utah/MIT 灵巧手设计时采用了模块化结构，4 个手指完全相同，每个手指有 4 个自由度。该灵巧手的每个关节由两个气缸驱动,32 个气缸集中布置,通过柔绳和滑轮远距离传动,指尖可以产生 31N 的力。此外，指节表面和掌面分布有电容式触觉传感器，可以直接测量接触力。目前该灵巧手主要用于实验室的各种抓持与操作研究，配上数据手套使用，可以实现抓灯泡等动作。

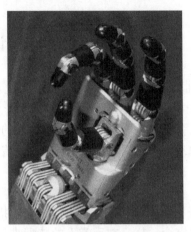

图 6-13 Utah/MIT 灵巧手

21 世纪初，随着 PMA[3]的出现，英国 Shadow 公司于 2004 年成功研制出了 Shadow 灵巧手，并先后对其进行了升级，图 6-14 是目前该公司最新的产品 Shadow 灵巧手 C5[12]。Shadow 灵巧手 C5 是目前世界上最先进的商业化灵巧手之一，完全根据人手结构设计，具有 5 个手指及 20 个自由度(拇指有 5 个自由度，其他四指分别具有 4 个关节、3 个自由度，手掌有 1 个自由度，手腕有 2 个自由度)，由 40 根人工肌肉通过柔绳及滑轮驱动各个关节运动，几乎可以实现人手所有的动作。该灵巧手集成了关节位置、气体压力、指尖力矩和触觉传感器，可以探测一个硬币大小的物体。目前，该灵巧手已商业化，可以用于实验室研究和展示，以及作为高等院校的教学用具。

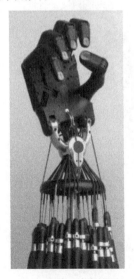

图 6-14 Shadow 灵巧手 C5

6.3　ZJUT 多指灵巧手结构设计

本节基于 FPA 的弯曲关节的工作原理及其相关静动态特性,以弯曲关节和侧摆关节为基础,设计了四自由度刚柔性手指;采用模块化理念,将 5 个具有相同结构的刚柔性手指装配在拟人手掌上,设计具有 20 个自由度的气动多指灵巧手,命名为 ZJUT 多指灵巧手;对 ZJUT 多指灵巧手的本体结构及其传感器系统进行详细介绍。

6.3.1　手指本体结构

ZJUT 多指灵巧手采用了模块化设计,大拇指、食指、中指、无名指和小拇指(以下简称手指)的结构完全一样,在手掌上的装配难度较低。在弯曲关节及侧摆关节的分析基础上,设计了气动刚柔性四自由度手指,其结构如图 6-15 所示。该手指具有 4 个自由度,4 个关节,且每个关节都是独立驱动,不存在机械耦合关系,其中,弯曲关节 I 模拟人手指的远指关节,弯曲关节 II 模拟人手指的中指关节,弯曲关节Ⅲ与侧摆关节的运动合成模拟人手指的近指关节。根据人手结构,三个弯曲关节的轴线相互平行,侧摆关节竖直放置且轴线与弯曲关节的轴线垂直。手指通过侧摆关节固定安装在手掌上。侧摆关节使得手指的动作更加灵活多变,指尖不仅仅局限在单一平面内运动,工作空间明显增大,手指在抓持过程中的位姿选择更加多样化。指尖的运动轨迹主要取决于手指各个关节角度的大小。

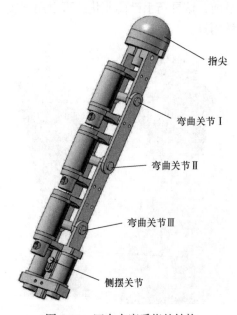

指尖

弯曲关节 I

弯曲关节 II

弯曲关节Ⅲ

侧摆关节

图 6-15　四自由度手指的结构

6.3.2　总体布局方案

多指灵巧手的抓持与操作性能不仅取决于单个手指的性能，还与各手指在手掌上的位置分布有关。人手经过大自然上百万年的进化洗礼，可以认为已经是最优结构，故 ZJUT 多指灵巧手的布局方案及结构采用了仿生学的方法。参考人手的布局及比例[110]，其整体布局方案如图 6-16 所示。除大拇指外，其他四指彼此平行放置，间距为 13.5mm，预留空间用于安装关节位置传感器；五个手指模块化设计，结构与长度完全相同；各手指通过掌内的手指安装座与手掌固定连接，每个手指指尖相对于手掌底部距离不同，中指比食指、无名指和小拇指分别高 15mm、10mm 及 30mm；大拇指与其他四指相对，与掌心及手指底部的夹角分别为 75° 和 20°。

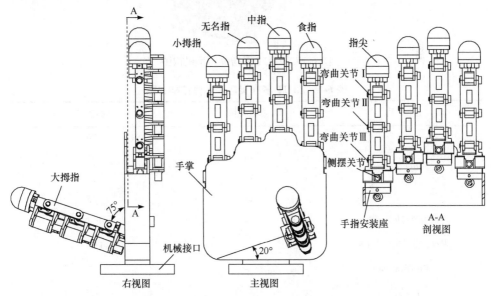

图 6-16　ZJUT 多指灵巧手的总体布局方案

6.3.3　ZJUT 多指灵巧手本体结构

ZJUT 多指灵巧手手指运动机构如图 6-17 所示。实际样本测量发现，人手指的近指节、中指节及远指节的长度比例接近 2：1.35：1[141,142]，ZJUT 多指灵巧手手指机构杆长参数选取应参考该比例关系。由于 ZJUT 多指灵巧手手指采用侧摆关节及弯曲关节Ⅲ的运动合成模拟人手的近指关节运动，故 $(a_1+a_2)：a_2：a_4$ 的比例关系应接近 2：1.35：1，其中 a_1 为侧摆关节至弯曲关节三的长度，a_2 为弯曲关节三至弯曲关节二的长度，a_3 为弯曲关节二至弯曲关节一的长度，a_4 为弯曲关节一至指尖的长度。考虑关节体积及传感器安装空间限制，ZJUT 多指灵巧手本体结构参数如表 6-1 所示。

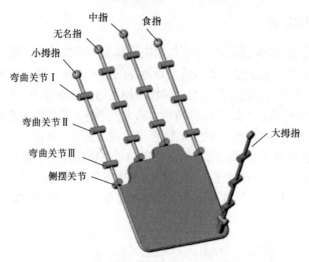

图 6-17　ZJUT 多指灵巧手机构图

表 6-1　ZJUT 多指灵巧手本体结构参数

参数名称	参数符号	参数值
手指杆长/mm	a_1	20
	a_2	35
	a_3	35
	a_4	25
弯曲关节转角范围/(°)	—	0～90
侧摆关节转角范围/(°)	—	−15～15
手掌厚度/mm	—	27
手掌宽度/mm	—	125
手掌最大高度/mm	—	135
中指指尖到手掌底部距离/mm	—	245
大拇指指尖到掌心距离/mm	—	120
ZJUT 多指灵巧手本体质量/g	m_a	400

　　结合 ZJUT 多指灵巧手的总体布局方案及手指的运动机构，设计 ZJUT 多指灵巧手原型，其 3D 效果图及实物照片如图 6-18 所示。除驱动器 FPA，ZJUT 多指灵巧手的其他本体结构部分均采用激光选择性烧结成型技术加工而成[111]，由强度和韧性综合性较好的尼龙材料(PA12)构成。

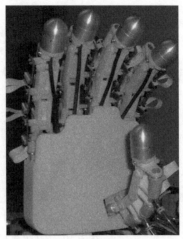

(a) 3D效果图　　　　　　　　　(b) 实物照片(配置传感器)

图 6-18　ZJUT 多指灵巧手原型

6.4　ZJUT 多指灵巧手本体结构和抓持仿真验证

ZJUT 多指灵巧手具有类人手的布局结构，各手指的自由度基本对应人手指的自由度，灵巧手理论上能够适应不同形状、尺寸的物体，以及完成不同类型的抓持。本节通过仿真方法初步验证 ZJUT 多指灵巧手的抓持能力。多指灵巧手抓持的形态多式多样，因任务、环境和物体形状而变化。文献[143]介绍人手常见的抓持可分为六大类，即圆柱抓持、勾拉、力度抓持(包络抓持)、夹持、对捏及跨握。利用三维实体建模软件 Solidworks 及动力学仿真软件 Adams 对 ZJUT 多指灵巧手进行抓持仿真，如图 6-19 所示。仿真结果表明，ZJUT 多指灵巧手的本体结构能够对圆柱、长条形、球形、方形及椭球形等典型形状的目标物体实现抓持，并能够模拟人手实现对捏、夹持、勾拉等复杂拟人手形。

(a) 圆柱抓持　　　　　　　　(b) 勾拉　　　　　　　　(c) 力度抓持

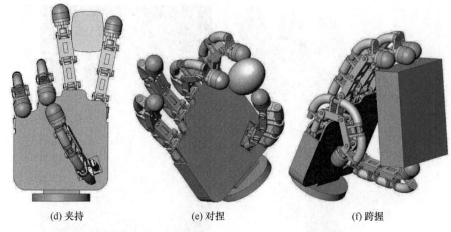

　　　　(d) 夹持　　　　　　　　　　(e) 对捏　　　　　　　　　　(f) 跨握

图 6-19　ZJUT 多指灵巧手的抓持仿真结果

6.5　ZJUT 多指灵巧手传感系统

　　采取合理的控制系统及控制算法，使得多指灵巧手能够对目标物体实现稳定抓持及灵巧操作。多指灵巧手配置关节位置、指尖力/力矩及触觉等传感器，为控制算法的实现提供必要的信息支持。利用传感信息可以不断改进控制模式以及控制参数，从而达到理想的控制效果。考虑到多指灵巧手尺寸及控制精度的要求，灵巧手传感器的选择需要遵循以下三点原则：①体积小，精度高；②对灵巧手关节驱动能力的影响尽量小；③寿命长，便于安装及维护。

　　结合 ZJUT 多指灵巧手尺寸及气动驱动特点，为了得到灵巧手各关节的位置角度，选用由奥地利微电子股份公司生产的非接触式、直接数字输出的 12 位可编程角位移传感器 AS5045。AS5045 和磁铁的典型布置方式如图 4-11 所示。

　　多指灵巧手在实施抓持的过程中，除了关节要求能够准确定位外，还需要感知手指与目标物体之间的接触作用力，通过对各个手指指力的综合分析判断抓持操作是否稳定而又不破坏目标物体。因此，多指灵巧手指尖配置力/力矩传感器，可以实时检测力/力矩输出，并反馈至关节控制器进行闭环控制。

　　从受力和操作的特征出发，各国的学者将多指灵巧手的抓持类型统分为两类：精度抓持(precision grasp)及力度抓持(power grasp)[144]。当执行力度抓持时，所有的手指与手掌均参与接触，以包络目标物体的方式抓持物体，此时，多指灵巧手与目标物体有多个接触点；在实际进行力度抓持时，需要通过灵巧手上的触觉传感器判断灵巧手与目标物体是否完全接触，以更好地实现稳定的力度抓持。

　　选用一种小型化的五维力传感器，配置于 ZJUT 多指灵巧手的每个手指的指尖，实物如图 4-15 所示。ZJUT 多指灵巧手手指指节总共分布了 10 个触觉传感器，其中每个手指的中指节与近指节分别安装 1 个。采用的触觉传感器是美国霍尼韦尔公司生产的 FSS1500NST，如图 6-20 所示，以粘贴方式固定在指节上。该传感器具有精密可靠的力传感性能，采用真正的表面安装技术及小型商品级的封装 (9.1mm×5.6mm×3.3mm)，50℃ 工作环境可靠性可达 2000 万次操作。FSS1500NST 触觉传感器有四个引脚，内部集成了硅片压敏电阻传感元件，采用惠斯顿电桥电路设计方案，可在测量力范围内稳定毫伏级输出。该传感器的特点在于：传感器中央的不锈钢球将施加的力直接集中到硅传感元件上，电阻值的变化随施加力的大小而呈线性关系变化。在 25℃ 工作环境及典型的供电电压(5±0.01)V 下，FSS1500NST 触觉传感器的技术特性如表 6-2 所示。

图 6-20　FSS1500NST 触觉传感器实物照片

表 6-2　FSS1500NST 触觉传感器的技术特性

参数名称	最小值	典型值	最大值
零位偏置/mV	−15	0	15
测量范围/N	0	—	15
灵敏度/(100mV/N)	0.1	0.12	0.14
线性度/(%F.S.)	—	±1.5	—
重复精度/N	—	0.1	—
过载能力/N	—	—	45
零位漂移/(%F.S.)	—	±0.5	—
灵敏度漂移/(%F.S.)		5.5	

　　FSS1500NST 触觉传感器输出电压为毫伏级，因此需要信号放大电路对传感器信号进行放大。基于此，研制了触觉传感器信号调理电路，其原理图如图 6-21 所示，以美国模拟(Analog)公司生产的集成放大器 AD623AN 为核心，该放大器在单电源(+3～+12V)模式下具有优良的直流特性、高的放大倍数(最大增益 1000)、高共模抑制比和高信噪比，而且可以实现规对规(rail to rail)输出，具有尺寸小、

功耗低(最大电源电流为 575μA)等特点。传感器的信号放大后，经过单片机 A/D
转换，通过 CAN 总线方式传输至工控机。

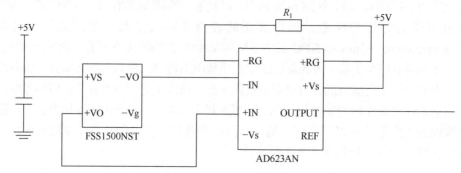

图 6-21　FSS1500NST 触觉传感器信号调理电路原理图

6.6　本章小结

气动软体机器人的一个主要应用领域是机器人末端执行器。多指灵巧手是最
复杂、灵活的一类末端执行器，正是由于其灵活性和适应性，也最为研究人员所
重视和应用市场所期待。仿人型多指灵巧手在结构、功能和应用对象的适用性等
方面都具有其他末端执行器无法企及的优势，因而成为机器人领域研究的重点。
基于气动软体驱动器设计具有柔顺性和适应性的气动刚柔耦合多指灵巧手，不但
可以兼顾多指灵巧手的仿人灵活性、软体机器人的柔顺性和适应性，还能集成刚
性机器人的模型准确、运动可控和输出力大的优点，因此更具有应用的价值。

本章对多指灵巧手的发展历程进行了梳理，阐述了气动刚柔耦合的 ZJUT 多
指灵巧手的结构设计以及位置传感器、指尖力/力矩传感器、触觉传感器等传感系
统的设计。所设计的 ZJUT 多指灵巧手可实现对圆柱、长条形、球形、方形及椭
球形等典型形状目标物体的抓持。

第 7 章　气动刚柔耦合手指运动学及位置控制

7.1　引　言

如同人手一样，多指灵巧手主要通过其多个手指配合运动完成对目标物体的抓持和操作。可见手指是多指灵巧手的核心和基础部件，手指的性能直接决定了多指灵巧手的功能和性能。气动刚柔耦合手指具有刚性串联机器人的结构特点，同时采用气动软体驱动器做背负式驱动，具有柔性机器人柔软的结构特点。其运动学建模可以基于刚性串联机器人的 D-H 方法，但运动位置的控制中存在软体驱动器与刚性关节之间的耦合关系。因此，需要进行刚柔耦合建模和位置跟踪控制算法设计以实现手指各关节的运动控制。

7.2　ZJUT 多指灵巧手的正运动学

7.2.1　手指正运动学模型

ZJUT 多指灵巧手的每个手指都相当于一个小型的关节式串联机器人。手指正运动学的内容是根据已知手指各个关节角度大小，求解手指指尖相对于基坐标系的位置，即关节空间到直角坐标系的位置映射关系。

1955 年，Denavit 和 Hartenberg[145]提出了采用相对基坐标系的几何空间，使用齐次变换矩阵描述相邻机械刚性连杆的空间关系，把机器人正运动学问题简化为寻求等价的位移与齐次变换矩阵的方法称为 D-H 法。采用 D-H 法建立 ZJUT 多指灵巧手手指的连杆坐标系如图 7-1 所示，其中，基坐标系 $x_0y_0z_0$ 原点设在侧摆关节转轴中心线上。根据表 6-1 中 ZJUT 多指灵巧手的本体结构参数，确定手指的 D-H 参数，如表 7-1 所示。

表 7-1　ZJUT 多指灵巧手手指的 D-H 参数

关节序号	连杆长度 l/mm	连杆扭角 α_i	α_i 角度值/(°)	关节角度 θ_i	θ_i 角度范围/(°)
1	20	α_1	90	θ_1	$-15\sim15$
2	35	α_2	0	θ_2	$0\sim90$
3	35	α_3	0	θ_3	$0\sim90$
4	25	α_4	0	θ_4	$0\sim90$

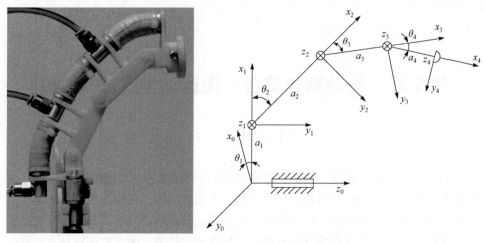

图 7-1　ZJUT 多指灵巧手手指的连杆坐标系

根据图 7-1 的运动结构，建立手指各坐标系间的齐次变换矩阵如下：

$$A_1^0 = \begin{bmatrix} c_1 & 0 & s_1 & a_1c_1 \\ s_1 & 0 & -c_1 & a_1s_1 \\ 0 & 1 & 0 & 0 \\ 0 & 0 & 0 & 1 \end{bmatrix} \tag{7-1}$$

$$A_2^1 = \begin{bmatrix} c_2 & -s_2 & 0 & a_2c_2 \\ s_2 & c_2 & 0 & a_2s_2 \\ 0 & 0 & 1 & 0 \\ 0 & 0 & 0 & 1 \end{bmatrix} \tag{7-2}$$

$$A_3^2 = \begin{bmatrix} c_3 & -s_3 & 0 & a_3c_3 \\ s_3 & c_3 & 0 & a_3s_3 \\ 0 & 0 & 1 & 0 \\ 0 & 0 & 0 & 1 \end{bmatrix} \tag{7-3}$$

$$A_4^3 = \begin{bmatrix} c_4 & -s_4 & 0 & a_4c_4 \\ s_4 & c_4 & 0 & a_4s_4 \\ 0 & 0 & 1 & 0 \\ 0 & 0 & 0 & 1 \end{bmatrix} \tag{7-4}$$

将上述变换矩阵相乘，得到手指指尖相对于基坐标系的坐标转换矩阵：

$$A_4^0 = A_1^0 A_2^1 A_3^2 A_4^3 = \begin{bmatrix} R_4^0 & P_4^0 \\ 0 & 1 \end{bmatrix} \tag{7-5}$$

式中，R_4^0 为指尖坐标系相对于基坐标系的旋转变换矩阵，P_4^0 为指尖相对于基坐标系的位置矢量矩阵，分别如下：

$$R_4^0 = \begin{bmatrix} n_x & o_x & a_x \\ n_y & o_y & a_y \\ n_z & o_z & a_z \end{bmatrix} = \begin{bmatrix} c_1 c_{234} & -c_1 s_{234} & s_1 \\ s_1 c_{234} & -s_1 s_{234} & -c_1 \\ s_{234} & c_{234} & 0 \end{bmatrix} \tag{7-6}$$

$$P_4^0 = \begin{bmatrix} p_x \\ p_y \\ p_z \end{bmatrix} = \begin{bmatrix} c_1(a_4 c_{234} + a_3 c_{23} + a_2 c_2 + a_1) \\ s_1(a_4 c_{234} + a_3 c_{23} + a_2 c_2 + a_1) \\ a_4 s_{234} + a_3 s_{23} + a_2 s_2 \end{bmatrix} \tag{7-7}$$

这里，$c_i = \cos\theta_i$，$s_i = \sin\theta_i$，$c_{ij} = \cos(\theta_i + \theta_j)$，$s_{ij} = \sin(\theta_i + \theta_j)$，$c_{ijk} = \cos(\theta_i + \theta_j + \theta_k)$，$s_{ijk} = \sin(\theta_i + \theta_j + \theta_k)$，$i, j, k = 1, 2, 3, 4$。

由上述分析可知，式(7-7)为 ZJUT 多指灵巧手手指的正运动学模型。所建立的 ZJUT 多指灵巧手手指的正运动学模型及其整手运动学分析，主要用于探讨 5 个手指指尖相对于手掌基坐标系的位置。手掌的基坐标系为定坐标系，其原点可以建立在手掌中心，也可以建立在灵巧手腕部，同样 5 个手指的基坐标系也为定坐标系，与手掌基坐标系的齐次变换矩阵假定为 $A \in \mathbf{R}^{4\times4}$，因此可得手指指尖相对于手掌坐标系的转换矩阵为 $T = AA_4^0$。

7.2.2　手指正运动学仿真

随机给定三组关节角度代入手指正运动学模型(式(7-5))，得到手指指尖的位姿结果，如表 7-2 所示。为了更加直观化地验证模型的正确性，利用 MATLAB 的 Robotics 工具箱建立手指的连杆机构，并对手指的正运动学进行仿真，结果如图 7-2

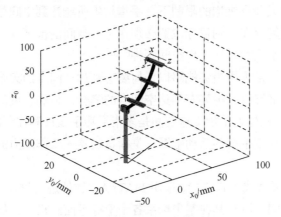

图 7-2　手指正运动学仿真结果

所示。对比表 7-2 中的结果，可以看到仿真结果与理论值一致，在手指各个关节的运动范围内，手指的正运动学求解相对简单且具有唯一的解。

表 7-2　手指正运动学求解

组数	$\theta_1/(°)$	$\theta_2/(°)$	$\theta_3/(°)$	$\theta_4/(°)$	p_x/mm	p_y/mm	p_z/mm	a_x	a_y	a_z
1	5	25	45	30	59.1244	5.1727	72.3011	0.0872	−0.9962	0
2	10	50	20	40	45.2202	7.9735	83.1931	0.1736	−0.9848	0
3	−10	60	25	40	25.8128	−4.5515	85.6565	−0.1736	−0.9848	0

7.3　手指的逆运动学

手指逆运动学探讨的内容是已知手指指尖相对于基坐标系的位置，求解手指各个关节的角度，即直角坐标系到关节空间位置映射关系。逆运动学求解比正运动学求解更为重要，它是手指控制的基础，是将工作空间内手指的指尖位姿转换为关节变量的过程，直接涉及灵巧手运动分析、离线编程和轨迹规划等问题。

手指的正运动学求解比较简单、直观且具有唯一解，而逆运动可能存在多重解，也可能不存在解，因此手指逆运动学求解是一个较为复杂的问题。

7.3.1　手指的工作空间分析

手指运动学逆解是否存在，完全取决于手指的工作空间。一般来讲，手指的工作空间是指在关节及机构的限制下，手指指尖所能达到空间位置点的集合，即若手指运动学逆解存在，则目标位置必须在工作空间的范围内。手指的工作空间可分为灵活工作空间和可达工作空间两种[146]。

灵活工作空间是手指指尖能够以任何姿态到达空间点的集合；可达工作空间是手指指尖至少能够以一种姿态到达空间点的集合，显然，灵活工作空间是可达工作空间的子集。机器人手指工作空间是多指灵巧手设计和控制的重要指标之一。工作空间的大小代表手指的活动范围，是衡量机器人工作能力的一个重要运动学指标。

将表 7-1 中参数代入式(7-7)，采用 MATLAB 软件进行仿真，可以得到手指的三维可达工作空间，以及其在基坐标系各个坐标平面的投影，如图 7-3 所示。通过对可达工作空间进行分析，可以确定手指运动学逆解是否存在。

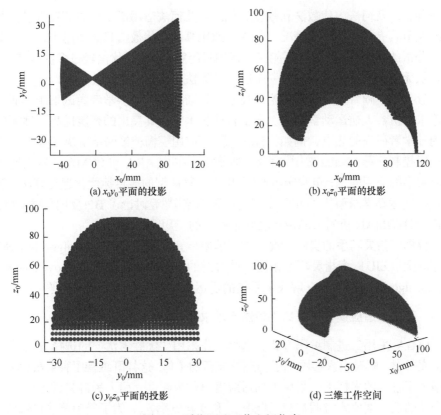

(a) x_0y_0 平面的投影　　　　　　(b) x_0z_0 平面的投影

(c) y_0z_0 平面的投影　　　　　　(d) 三维工作空间

图 7-3　手指可达工作空间仿真

7.3.2　手指的逆运动学求解分析

假定手指指尖相对于基坐标系的坐标为 (p_x, p_y, p_z)，求各个关节的角度为 $(\theta_1, \theta_2, \theta_3, \theta_4)$，由式(7-7)易得

$$p_y = p_x \tan \theta_1 \tag{7-8}$$

由于侧摆关节的侧摆角度范围为[-15, 15]，所以 θ_1 有唯一解：

$$\theta_1 = \arctan \frac{p_y}{p_x} \tag{7-9}$$

ZJUT 多指灵巧手手指具有 4 个自由度，关节之间不存在机械耦合，采用解析方法分析可知：除了 θ_1 具有唯一解之外，其他三个关节的角度值不是唯一的，因此手指的逆运动学求解过程存在冗余度问题。通过解析方法无法确定逆解，且运算过程较为复杂。

针对机器人逆运动学求解的冗余解以及解析过程复杂的情况，国内外研究人员提出了不同的方法来解决这一问题。目前多指灵巧手逆运动学求解的方法主要有三种，即几何法、代数法和数值迭代法。几何法适用于手指关节较少且执行结构的关节具有几何特性的情况，并不是通用算法；代数法只能适用于结构简单、易于分析的多指灵巧手，且不能保证得到封闭解；数值迭代法经过多次迭代之后，只能从无穷多个解中收敛得到一个解，且无法保证解的正确性。

近年来，随着人工智能理论及技术的日渐成熟，很多学者尝试采用智能控制理论求解机器人逆运动学问题。人工智能技术凭借其突出的智能优势，逐渐成为国内外学者研究的热点，例如，Shao 等[147]应用模糊神经网络解决了多手指灵巧手位置控制问题；Kalra 等[148]讨论了遗传算法在 SCARA 和 PUMA 机器人逆运动学求解中的应用问题；申晓宁等[149]采用了一种新型的多目标优化遗传算法，解决机械手逆运动学求解中的冗余度问题；张培艳[150]等讨论了 BP(反向传播)神经网络在 MOTOMAN 机器人的逆运动学求解中的应用问题。

根据多指灵巧手的实际情况，在简单遗传算法(simple genetic algorithm, SGA)的基础上，ZJUT 多指灵巧手采用一种改进的自适应遗传算法(improved adaptive genetic algorithm, IAGA)，解决了手指的逆运动学求解中的冗余度问题。

7.3.3　基于自适应遗传算法的手指逆运动求解

IAGA 采用二进制编码方式，选择操作采用"优胜劣汰"的选择方式，淘汰"劣"的个体，同时引入移民算子动态补充新的个体，这样既维持了种群规模不变，又增加了种群的多样性。采用平均适应度值作为阈值，引入种群集散因子 δ，根据个体的适应度值实时调整交叉概率 p_c 和变异概率 p_m。为了避免算法局部收敛，采用交叉和变异并行操作方式。IAGA 流程如图 7-4 所示。

下面以手指逆运动求解为例，介绍 IAGA 具体实施方法。

1) 适应度函数确定

适应度函数是 IAGA 与优化问题之间的一个接口。个体的适应度值是判断个体"优劣"的唯一标准。个体的适应度值越小，说明个体越接近最优解，反之亦然。实际运动过程中，在不考虑避障的情况下，多指灵巧手的各个手指指尖从一个点运动到另一个点，从能量最优观点考虑，要求手指各个关节的转角变量最小。同时，结合手指的正运动学求解结果，建立适应度函数：

$$
\begin{aligned}
f(\theta) = \min \Big\{ &\xi_1 \big(\big| c_1(a_4 c_{234} + a_3 c_{23} + a_2 c_2 + a_1) - p_x \big| \\
&+ \big| s_1(a_4 c_{234} + a_3 c_{23} + a_2 c_2 + a_1) - p_y \big| \\
&+ \big| a_4 s_{234} + a_3 s_{23} + a_2 s_2 - p_z \big| \big) \\
&+ \xi_2 \big(|\theta_1 - \theta_1'| + |\theta_2 - \theta_2'| + |\theta_3 - \theta_3'| + |\theta_4 - \theta_4'| \big) \Big\}
\end{aligned}
\tag{7-10}
$$

式中，ξ_1、ξ_2 为优先等级系数，$\xi_1 + \xi_2 = 1$，$\xi_1 > \xi_2$；$\theta = [\theta_1 \ \theta_2 \ \theta_3 \ \theta_4]$ 为手指指尖到达要求目标位置时各个关节的关节角度；$\theta' = [\theta_1' \ \theta_2' \ \theta_3' \ \theta_4']$ 为手指指尖在上一位

置各个关节的关节角度。式(7-10)取到最小值所对应的关节角度值,认为是最优逆解,即能量最优解。

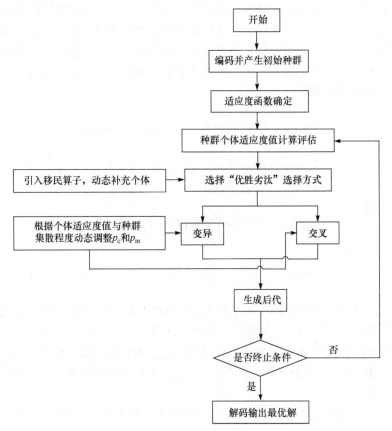

图 7-4　IAGA 流程图

2) 确定关节约束条件

根据手指逆运动学的解析分析以及弯曲关节的极限弯曲角度,得到 IAGA 的约束条件:

$$
\begin{cases}
\theta_1 = \arctan\dfrac{p_y}{p_x}, & \theta_1 \in [-15^\circ, 15^\circ] \\
0^\circ \leqslant \theta_j \leqslant 90^\circ, & j = 2,3,4
\end{cases}
\tag{7-11}
$$

3) 引入自适应交叉算子和变异算子

为了提高收敛速度,同时避免陷入局部最小,需要实时动态自适应地调整交叉概率 p_c 和变异概率 p_m。对适应度值小的个体降低 p_c 和 p_m,尽量保持种群中“优”的个体不被破坏;对适应度值高的个体提高 p_c 和 p_m,从而加快“劣”的个体重组。

目的是在低适应度值个体促进算法收敛的同时，高适应度值个体可以防止算法陷入局部最小。

　　为了保证算法的全局收敛性，就要维持种群的多样性，避免有效基因的丢失；另外，为了加快算法收敛速度，就要使种群较快地向最优状态转移，这又会降低种群的多样性，容易使算法陷入局部最小。如何快速有效地收敛于全局最优解是遗传算法中一个较难解决的问题。本书作者所在课题组提出了一种基于种群集散状态的自适应遗传算子：

$$
p_{\mathrm{c}} = \begin{cases} p_{\mathrm{cmin}} + \dfrac{p_{\mathrm{cmax}} - p_{\mathrm{cmin}}}{(f_{\max} - f_{\min})^2}(f_{\mathrm{c}}' - f_{\min})^2, & \delta f_{\max} \leqslant f_{\mathrm{avg}} \\[3mm] p_{\mathrm{cmin}} + \dfrac{p_{\mathrm{cmax}} - p_{\mathrm{cmin}}}{\sqrt{f_{\max} - f_{\min}}}(f_{\mathrm{c}}' - f_{\min})^{\frac{1}{2}}, & \delta f_{\max} > f_{\mathrm{avg}} \end{cases}
\tag{7-12}
$$

$$
p_{\mathrm{m}} = \begin{cases} p_{\mathrm{mmin}} + \dfrac{p_{\mathrm{mmax}} - p_{\mathrm{mmin}}}{(f_{\max} - f_{\min})^2}(f_{\mathrm{m}}' - f_{\min})^2, & \delta f_{\max} > f_{\mathrm{avg}} \\[3mm] p_{\mathrm{mmin}} + \dfrac{p_{\mathrm{mmax}} - p_{\mathrm{mmin}}}{\sqrt{f_{\max} - f_{\min}}}(f_{\mathrm{m}}' - f_{\min})^{\frac{1}{2}}, & \delta f_{\max} \leqslant f_{\mathrm{avg}} \end{cases}
\tag{7-13}
$$

式中，$f_{\max}$ 为种群中最大的适应度值；$f_{\min}$ 为种群中最小的适应度值；f_{avg} 为种群平均适应度值；f_{c}' 为种群中参与交叉的两个个体中较小的适应度值；f_{m}' 为种群中参与变异的两个个体中较小的适应度值；p_{cmax} 为最大的交叉概率；p_{cmin} 为最小的交叉概率；p_{mmax} 为最大的变异概率；p_{mmin} 为最小的变异概率；δ 为集散因子（$0.5 < \delta < 1$）。

　　从式(7-12)和式(7-13)可得 p_{c} 和 p_{m} 的概率分布情况，如图 7-5 所示。由图中可知：

　　(1) 无论种群处于何种状态，p_{c} 和 p_{m} 均随着适应度值的减小而减小，对于适应度值最小的个体，其 p_{c} 和 p_{m} 总是取到最小值，这样可以保证"优"的个体不被破坏，有利于保护个体的优秀基因；反之，增大"劣"的个体的 p_{c} 和 p_{m}，以提高种群的多样性。

　　(2) 当种群比较集中时，总体 p_{c} 较小，而 p_{m} 较大，这是由于种群集中，交叉操作不能很好地改变种群的状态，必须通过加大种群的变异概率，让个体的基因参与变异的概率增大，改善算法的局部搜索能力，增强种群的多样性；部分适应度值较大的"劣"的个体同时进行交叉变异操作，加快个体重组产生新的个体，增加种群多样性；而那些仅通过变异操作的个体也能随机、独立地产生许多新个体，也增加了种群的多样性；这样一系列的操作，产生的后代不再处于集中状态，有利于走出"早熟"困境。

(3) 当种群分散时, 总体 p_c 较大, 而 p_m 较小, 种群中只有部分适应度值较大的个体是同时进行交叉变异操作, 而大部分个体主要进行交叉操作, 这样确保大部分"优"的个体不会被破坏, 通过交叉操作, 优良个体不会因为选择操作而丢失父代较优的基因片断, 能够尽快找到最优解。

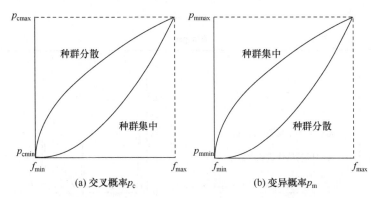

图 7-5　交叉概率 p_c 和遗传概率 p_m 的概率分布图

在 MATLAB 及 Sheffield 遗传算法工具箱环境下, 利用本章提出的 IAGA 对手指逆运动学求解进行仿真, 仿真参数如表 7-3 所示。手指各个关节的初始角度为 $\Theta' = (0°, 0°, 0°, 0°)$, 给定指尖目标位置点的坐标为[20 30 120]mm, 经过 150 代寻优运算, 仿真结果如图 7-6 所示。从图(a)可以看到: 经过 30 代的迭代运算后, IAGA 基本可以可得到最佳的适应度值, 即最优解; 算法运行 150 代后, 取最优解(精确到小数点后两位)为 $\Theta = (56.34°, 35.58°, 79.83°, 24.66°)$, 同时将最优解代入手指的正运动学求解得到实际目标位置点的坐标(精确到小数点后两位)为[20.06 30.09 120.05]mm。仿真结果表明, IAGA 收敛速度快, 鲁棒性强, 能够有效地解决手指的逆运动学求解问题。

表 7-3　手指逆运动求解仿真参数

参数名称	参数符号	参数值
优先等级系数	ξ_1	0.8
优先等级系数	ξ_2	0.2
种群数目	N_r	80
变量维数	N_{var}	4
移民算子(遗传代沟)	G_{gap}	0.8
最大交叉概率	P_{cmax}	0.9
最小交叉概率	P_{cmin}	0.1

续表

参数名称	参数符号	参数值
最大变异概率	P_{mmax}	0.15
最小变异概率	P_{mmin}	0.001
集散因子	δ	0.85
最大遗传代数	Maxgen	150

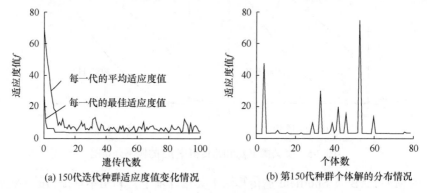

(a) 150代迭代种群适应度值变化情况　　　　(b) 第150代种群个体解的分布情况

图 7-6　IAGA 逆运动求解仿真曲线

7.4　手指的位置控制

多指灵巧手在抓持目标物体时，指尖与目标物体接触，指尖的位置信息是控制系统必要的感知信息，关系到抓持时的位置是否准确。同时，与关节空间相比，在直角坐标空间中进行手指位置控制具有更好的直观性。本节在上述手指运动学及逆运动学求解的基础上，在直角坐标空间下，对 ZJUT 多指灵巧手的手指位置进行轨迹跟踪控制分析。

7.4.1　手指位置控制原理

手指位置跟踪控制原理如下：首先在直角坐标空间下，给定手指指尖的目标参考位置 $P_r = \begin{bmatrix} p_{xr} & p_{yr} & p_{zr} \end{bmatrix}$，采用 IAGA 对手指逆运动学进行求解，得到手指关节的期望角度 $\Theta_r = (\theta_{1r}, \theta_{2r}, \theta_{3r}, \theta_{4r})$；接着利用串联双闭环控制方法，在关节空间中分别进行手指各个关节的轨迹跟踪，通过角度传感器得到各个关节实际角度 $\Theta = (\theta_1, \theta_2, \theta_3, \theta_4)$；最后通过手指的正运动学模型，计算得到手指指尖在直角坐标空间中的实际位置 $P = \begin{bmatrix} p_x & p_y & p_z \end{bmatrix}$，其控制框图如图 7-7 所示。根据手指位置控制框图，设计手指位置控制试验原理图如图 7-8 所示。

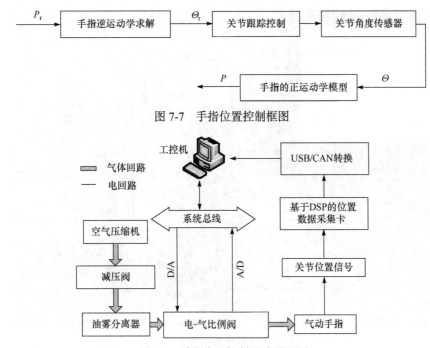

图 7-7　手指位置控制框图

图 7-8　手指位置控制试验原理图

7.4.2　手指位置跟踪试验

根据上述手指位置控制原理，搭建试验平台，如图 7-9 所示。参考手指的工作空间，给定手指指尖在直角坐标下的参考轨迹如下：$P_0(115, 0, 0)$ $\rightarrow$$P_1(100, 10, 40)$ $\rightarrow$ $P_2(80, 15, 60)$ $\rightarrow$ $P_3(50, 5, 80)$ $\rightarrow$ $P_4(75, -5, 70)$ $\rightarrow$ $P_5(95, -10, 50)$ $\rightarrow$ $P_6(105, 0, 30)$(单位:mm)。手指指尖每到一个状态的控制周期为 2s，接着到下一个参考点。

手指指尖位置在基坐标系的 x_0 方向、y_0 方向、z_0 方向以及各个关节角度的跟踪试验结果如图 7-10 所示。

试验结果表明，关节位置控制器能够有效地改善手指关节快速响应性；关节相邻控制状态输出角度差值变大，达到稳态的时间将有所增加，原因主要是两个方面：①输出角度差值大，橡胶管伸长量或收缩量较大，橡胶的黏滞性影响较为明显。②关节输出角度过大，关节控制器受到 FPA 所能承受最大压力值(约为 0.8MPa)限制，无法发挥控制算法的最佳控制性能；关节位置控制的最大稳态误差为 0.3°，指尖的位置控制最大误差为 1.12mm；手指各个关节位置的跟踪效果直接影响手指指尖在直角坐标空间轨迹跟踪效果。

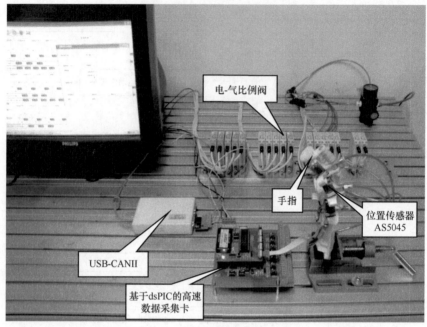

图 7-9　手指位置控制试验平台

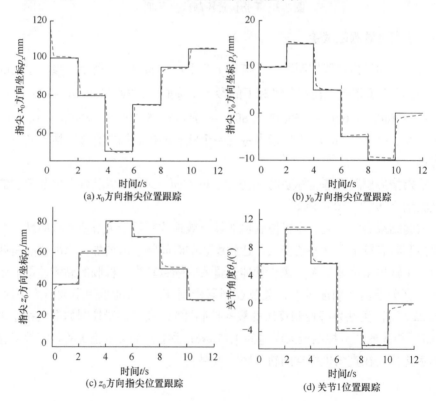

(a) x_0 方向指尖位置跟踪

(b) y_0 方向指尖位置跟踪

(c) z_0 方向指尖位置跟踪

(d) 关节1位置跟踪

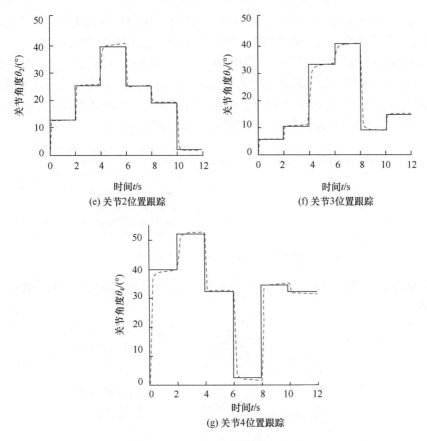

(e) 关节2位置跟踪　　　　　　(f) 关节3位置跟踪

(g) 关节4位置跟踪

图 7-10　手指指尖位置跟踪试验结果

7.5　ZJUT 多指灵巧手的位置控制

7.5.1　基于运动学的手指控制原理

多指灵巧手根据手指的运动学进行位置控制，其位置控制原理归纳如下：

(1) 多指灵巧手弯曲关节双闭环控制原理如图 7-11 所示。其中，θ_m 为期望弯曲

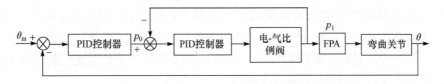

图 7-11　多指灵巧手弯曲关节双闭环控制框图

角度，p_0 为 FPA 期望内腔压力，p_1 为 FPA 实际内腔压力，θ 为实际关节角度。通过角度传感器对手指关节跟踪控制，得到各关节实际角度 $\theta = [\theta_1\ \theta_2\ \theta_3]$。

(2) 图 7-12 为多指灵巧手的位置控制框图。给定指尖的位置 $P_m = [P_{xm}\ P_{ym}\ \beta_{3m}]$，通过逆运动学求解手指的期望关节角度 $\theta_m = [\theta_{1m}\ \theta_{2m}\ \theta_{3m}]$，对弯曲关节采用双闭环控制系统，将角度传感器采集的关节角度实时反馈给系统最终得到理想角度值 θ，最后结合手指的正运动学计算指尖的实际位姿 $P = [P_x\ P_y\ \beta_3]$。

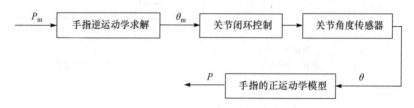

图 7-12 多指灵巧手位置控制框图

根据灵巧手的位置控制原理，建立如图 7-13 所示的多指灵巧手的位置控制试验系统。

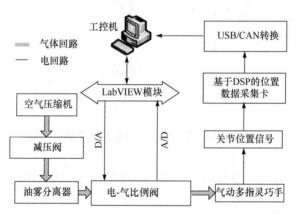

图 7-13 多指灵巧手位置控制试验系统

7.5.2 基于运动学的多指灵巧手位置控制试验

根据多指灵巧手的位置控制原理，在手指的运动空间范围内选取指尖的运动轨迹。定义期望的弯曲关节角度的变化轨迹为：$\theta_{m0} = [0\ 0\ 0]$，$\theta_{m1} = [5\ 15\ 20]$，$\theta_{m2} = [10\ 5\ 25]$，$\theta_{m3} = [30\ 10\ 15]$，$\theta_{m4} = [20\ 25\ 40]$，$\theta_{m5} = [25\ 20\ 30]$，$\theta_{m6} = [15\ 30\ 10]$，灵巧手相邻参考位置的控制周期为 2s。图 7-14 为多指灵巧手的位置控制试验平台，所需元器件及其性能参数如表 7-4 所示。

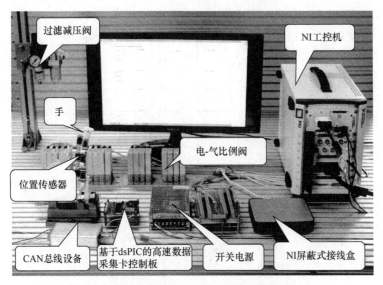

图 7-14　多指灵巧手的位置控制试验平台

表 7-4　试验元器件及其性能参数

元器件名称	型号	性能参数
空气压缩机	LG5.5-7.5	最高压力 0.8MPa，贮气罐容积 0.26m³
过滤减压阀	AW20-02G	调压范围 0.05～0.85MPa，过滤精度 5μm
电-气比例阀	ITV0050-3BS	调压范围 0.001～0.9MPa，线性度±1%
磁编码角度传感器	AS5045	直接数字式输出，分辨率达 0.0879°
基于 dsPIC 的高速数据采集卡	dsPIC30F4013	DSP 引擎，16 位数据处理能力，CAN 总线数据传输方式
美国国家仪器(NI)工控机	NI PXI-1042Q	高度集成嵌入式控制柜
CAN 总线设备	USB-CAN-E-U	USB1.1 接口，1 个 CAN 通道，最高传输速度 5000 帧/s
双组输出开关电源	D-220C	输入：220VAC/2.4A，输出 1：+24V/7A，输出 2：+12V/4A

　　灵巧手的关节位置控制试验结果如图 7-15 所示，其中实线为理论值，虚线为实际值，得到了弯曲关节的位置控制试验曲线。试验结果显示相邻控制状态的输出角度差值变大，达到稳定状态的时间会有所增加。分析输出角度过大时手指控制精度下降的原因包括：①角度的增大使得橡胶管的伸长量变大，受橡胶管的黏滞性影响，实际伸长量与理论伸长值的偏差将增加；②受 FPA 极限压力值（约为 0.8MPa）的影响，实际应用中驱动器无法达到预期的控制性能。相比较于传统的控制系统，柔性驱动器的非线性特征使得多指灵巧手的控制难度增加，可以采用力-位混合双闭环控制原理达到实时位置检测的目的。

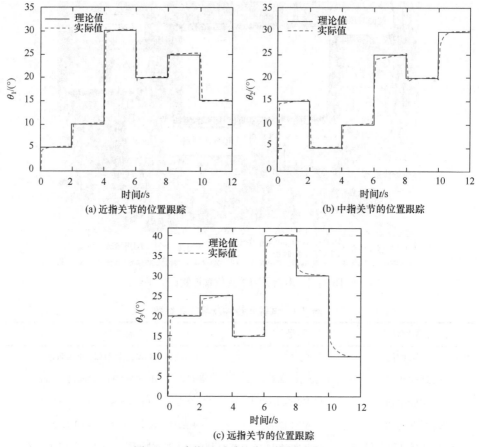

图 7-15　多指灵巧手的位置控制试验结果

7.6　本　章　小　结

　　传统机械手指的建模方法可以直接采用 D-H 法，本书所述的气动刚柔耦合手指具有特殊的软体驱动形式，因而其运动学建模尤其是关节运动控制相对较为复杂。刚柔耦合机构的准确建模和控制也是软体机器人研究中普遍存在的难题，受到广泛的关注。

　　本章首先采用齐次变换矩阵描述手指的运动学模型，对 ZJUT 多指灵巧手手指的正运动学进行建模和仿真，验证了理论模型，并对 ZJUT 多指灵巧手手指的逆运动学进行工作空间分析、逆运动求解分析和基于 IAGA 的手指逆运动求解。然后在上述手指运动学以及逆运动学求解的基础上，在直角坐标空间下，基于手指的正运动学模型对 ZJUT 多指灵巧手手指位置进行了轨迹跟踪控制。此方法也可以推广到更为一般的机器人逆运动学问题。

第8章　ZJUT 多指灵巧手输出力控制

8.1　引　　言

多指灵巧手作为智能机器人的末端执行机构，直接与外界环境进行交互。多指灵巧手与环境的接触力控制是其抓持物体并进行操作的前提和基础，这是一个非常复杂的问题。在目标抓持和操作过程中，首先需要计算出手指与物体接触的合理位姿，确定在该位姿下抓持的接触点个数和接触点的位置，然后计算各接触点所施加力的大小和方向，以保证抓持时的稳定。该部分涉及手指静力输出建模、指尖力的检测和控制方法等内容。

第 8、9 章主要介绍 ZJUT 多指灵巧手。本章以指尖与环境接触力为目标，对抓持位置的选取和抓持力的计算进行详解。

8.2　手指静力输出求解

8.2.1　手指静力学模型

手指静力学模型主要是探讨灵巧手手指与环境接触后，受到环境约束处于静平衡状态时，手指指尖和环境的接触力与手指各个关节力矩之间的映射关系。

手指指尖与环境的接触力 $^4F=[\,^4f_x\quad ^4f_y\quad ^4f_z\quad ^4m_x\quad ^4m_y\quad ^4m_z\,]$ 相对于指尖坐标系 $x_4y_4z_4$(与指尖传感器坐标系重合)而言，由于构成手指的弯曲关节和侧摆关节只能实现弯曲和侧摆运动，不能实现扭转运动，故指尖 ^4F 的分力矩 ^4m_x 一般为零，这也是指尖选择五维力传感器的原因。根据机器人学理论，手指静力学与微分运动学存在严格的一一对应关系，可以根据微分运动学直接建立手指接触力的静力学模型，即

$$\tau = {}^4J^{\mathrm{T}}\,{}^4F \tag{8-1}$$

式中，^4J 为相对于指尖坐标系的雅可比矩阵；$\tau = [\tau_1\ \tau_2\ \tau_3\ \tau_4]^{\mathrm{T}}$ 为手指各关节的输出力矩。

相对于基坐标系的雅可比矩阵可以根据式(8-2)计算：

$$J = [J_1 \quad J_2 \quad J_3 \quad J_4]$$

$$J_i = \bar{\sigma}_i \begin{bmatrix} z_{i-1} \times (p_4 - p_{i-1}) \\ z_{i-1} \end{bmatrix} + \sigma_i \begin{bmatrix} z_{i-1} \\ 0 \end{bmatrix}, \quad i = 1, 2, 3, 4 \tag{8-2}$$

式中，$\sigma_i = \begin{cases} 0, & \text{关节 } i \text{ 是转动关节} \\ 1, & \text{关节 } i \text{ 是移动关节} \end{cases}$。

灵巧手各手指关节坐标系间的齐次变换矩阵为

$$A_i^0 = \begin{bmatrix} x_i & y_i & z_i & p_i \\ 0 & 0 & 0 & 1 \end{bmatrix}, \quad i = 1, 2, 3, 4 \tag{8-3}$$

根据上述公式，可以得到手指相对于基坐标系的变换矩阵：

$$J = \begin{bmatrix} -s_1 W & c_1 W & 0 & 0 & 0 & 1 \\ -c_1 Q & -s_1 Q & a_4 c_{234} + a_3 c_{23} + a_2 c_2 & s_1 & -c_1 & 0 \\ -c_1 R & -s_1 R & a_4 c_{234} + a_3 c_{23} & s_1 & -c_1 & 0 \\ -c_1 a_4 s_{234} & -s_1 a_4 s_{234} & a_4 c_{234} & s_1 & -c_1 & 0 \end{bmatrix}^{\mathrm{T}} \tag{8-4}$$

式中，$W = a_4 c_{234} + a_3 c_{23} + a_2 c_2 + a_1$，$Q = a_4 s_{234} + a_3 s_{23} + a_2 s_2$，$R = a_4 s_{234} + a_3 s_{23}$。

手指相对于指尖坐标系的雅可比矩阵可以通过下列关系式变换得到：

$$^4J = \begin{bmatrix} R_0^4 & 0 \\ 0 & R_0^4 \end{bmatrix} J \tag{8-5}$$

式中，R_0^4 为基坐标系相对于指尖坐标系的旋转变换矩阵，即

$$R_0^4 = R_4^{0\mathrm{T}} = \begin{bmatrix} c_1 c_{234} & s_1 c_{234} & s_{234} \\ -c_1 s_{234} & -s_1 s_{234} & c_{234} \\ s_1 & -c_1 & 0 \end{bmatrix} \tag{8-6}$$

由式(8-6)可得 $R_4^0 = (R_0^4)^{-1}$。

将式(8-4)及式(8-6)代入式(8-5)可得

$$^4J = \begin{bmatrix} 0 & 0 & -W & s_{234} & c_{234} & 0 \\ a_3 s_4 + a_2 s_{34} & a_4 + a_3 c_4 + a_2 c_{34} & 0 & 0 & 0 & 1 \\ a_3 s_4 & a_4 + a_3 c_4 & 0 & 0 & 0 & 1 \\ 0 & a_4 & 0 & 0 & 0 & 1 \end{bmatrix} \tag{8-7}$$

由式(8-1)与式(8-7)可以得到手指指尖输出力与各关节 FPA 内腔压力的映射关系：

$$\tau = \begin{bmatrix} \tau_1 \\ \tau_2 \\ \tau_3 \\ \tau_4 \end{bmatrix} = \begin{bmatrix} K_b \Delta P_1 \\ K_b \Delta P_2 \\ K_b \Delta P_3 \\ K_s (\Delta P_1 + \Delta P_s) \end{bmatrix} = {}^4J^{\mathrm{T}} \, {}^4F \tag{8-8}$$

式中，ΔP_1、ΔP_2、ΔP_3 分别为三个弯曲关节的 FPA 内腔压力增量，MPa；ΔP_l 为侧摆关节长 FPA 内腔压力增加量，MPa；ΔP_s 为侧摆关节短 FPA 内腔压力减少量，MPa；K_b 和 K_s 为刚度系数。

8.2.2　手指静力半闭环跟踪试验

忽略摩擦力矩影响，手指静力半闭环控制原理如下：在直角坐标空间下，当手指各关节实际角度为 Θ 时，刚性约束手指指尖位置；给定手指指尖相对于指尖坐标系的目标输出力 ^4F_r；由式(8-8)计算得到相对应的手指各关节目标输出力矩 τ_r，同时可得手指各关节 FPA 的内腔气体压力的目标增量值 ΔP_r，对各 FPA 内腔压力进行闭环控制；最后由指尖五维力传感器跟踪得到手指指尖的实际输出力 ^4F。其控制原理结构框图如图 8-1 所示。

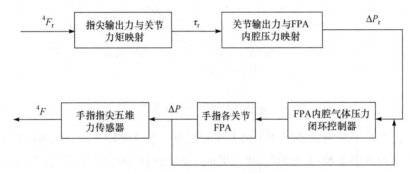

图 8-1　手指指尖输出力控制框图

根据结构框图，设计手指位置控制试验原理图如图 8-2 所示。

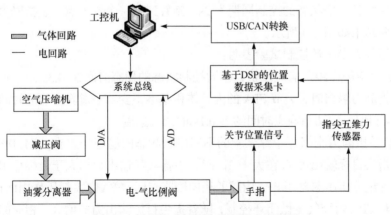

图 8-2　手指指尖输出力控制试验原理图

手指与目标物体接触力的具体维数与接触模型有关[151,152]。不考虑 z 方向的受力情况，指尖与目标物体接触的情况如图 8-3 所示，当接触模型及指尖位姿确定后，不同位置的接触点 1、2 在接触力 F_1 和 F_2 大小相同情况下，对应到坐标轴的力的分量并不相同，由此可见，接触力元素的大小除了取决于接触力的大小，还取决于接触点位置。为了更为准确和直观地分析手指的输出力特性，试验过程中将接触点(刚性约束点)的法线方向与坐标轴 x_4 重合，即探讨指尖与环境的接触力 ${}^4F$ 中 ${}^4f_x$ 的分量情况。

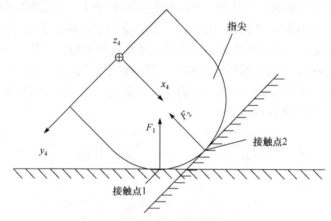

图 8-3　手指与目标物体接触简化示意图

根据上述手指指尖半闭环输出力控制原理，搭建试验平台。试验过程中，当手指各个关节角度 $\Theta = (5°, 30°, 30°, 30°)$ 时，刚性约束固定手指指尖。给定手指指尖在直角坐标下的输出力轨迹如下：${}^4F_{r0}[0\ 0\ 0\ 0\ 0\ 0] \rightarrow {}^4F_{r1}[-2\ 0\ 0\ 0\ 0\ 0] \rightarrow {}^4F_{r2}[-4\ 0\ 0\ 0\ 0\ 0] \rightarrow {}^4F_{r3}[-6\ 0\ 0\ 0\ 0\ 0] \rightarrow {}^4F_{r4}[-9\ 0\ 0\ 0\ 0\ 0] \rightarrow {}^4F_{r5}[-12\ 0\ 0\ 0\ 0\ 0]$。手指指尖每到一个状态的控制周期为 2s，接着到下一个参考点，手指静力半闭环跟踪试验结果如图 8-4 所示。

手指静力半闭环控制试验表明：

(1) 手指静力跟踪响应较快，不同控制状态的稳态时间在 0.3s 内，这主要是由于手指静力输出时，关节 FPA 的内腔体积基本不变，手指静力响应时间主要取决于电-气比例阀(动态响应时间约为 0.1s)的调节速度。

(2) 手指静力半闭环跟踪试验的不同控制状态的稳态误差在[-0.1 0.38]N 范围，且指尖目标输出力 f_{xr} 在大于 2N 时，手指实际输出力均大于目标输出力，原因在于理论分析中忽略了 FPA 内腔的径向膨胀，认为 FPA 内腔气压作用面积恒定，试验中对 FPA 内腔气压做闭环控制，随着指尖目标输出力的增大，相应的关节输出力矩增大，即关节 FPA 内腔气压不断增大，使得 FPA 内腔径向膨胀，导致气压的作用面积增大，关节的实际输出力矩偏大，进而使手指实际输出力大于目标值。

(3) 指尖五维力传感器的反馈信息显示，试验中除了 f_x 的分量，其他四个力的分量存在小幅度($-0.3\sim0.3$N)的扰动，主要原因是传感器各个分量之间存在相互耦合关系。

(4) 手指各个关节采用 FPA 直接驱动，关节力矩直接输出，具有输出力易于控制的优点，在一些抓持力要求不高的场合，可以直接采用静力半闭环控制策略。

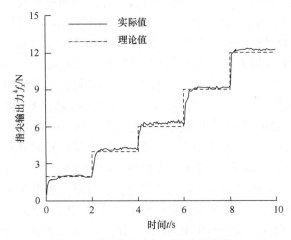

图 8-4　手指静力半闭环试验跟踪结果

8.3　ZJUT 多指灵巧手的被动柔顺性

多指灵巧手的柔顺性包括主动柔顺性和被动柔顺性两方面。人手由于指尖柔软的组织，在与环境的接触过程中具有很好的被动柔顺性。对于 ZJUT 多指灵巧手而言，FPA 的主要构成材料——橡胶具有很好的柔顺性，同时气体具有良好的可压缩性，从而使得 ZJUT 多指灵巧手手指具有很好的被动柔顺性。被动柔顺性可做如下解释：关节的刚柔性使得手指可以看成一个变刚度"弹簧"系统，当手指与环境刚接触时，"弹簧"刚度较小，使得手指对环境具有一定顺从能力；随着关节 FPA 内腔压力的增加，FPA 刚度增大，使得关节刚度增加，"弹簧"整体刚度提高，手指的被动柔顺性降低。

良好的被动柔顺性是 ZJUT 多指灵巧手的重要特点之一，其对灵巧手的益处在于：①被动柔顺性使 ZJUT 多指灵巧手在对易损伤的目标物体(如水果、蔬菜等)进行圆柱抓持、力度抓持(包络抓持)等对指尖位置和力精度要求不高的抓持操作时，不易造成目标物体的损伤，具有柔顺性保护作用；②抓持的自适应性好，鲁棒性强，当多个手指与目标物体接触保持平衡时，若目标物体受到外部扰动，由于具有良好的被动柔顺性，ZJUT 多指灵巧手能够重新适应新的状态，达到新的平衡。

目前存在的刚性机器人多指灵巧手由于自身柔顺性差，在操作控制中所面临的主要问题是灵巧手在约束环境中对输出作用力柔顺性的高要求，与在自由空间中对位置伺服刚度和机械结构刚度的高要求之间的矛盾[153]。如何实现两者的统一控制，使得灵巧手对不同的接触环境呈现不同的刚度，是实现手指力柔顺跟踪控制的关键。目前解决这一矛盾的主要方法是通过采用阻抗控制策略使得多指灵巧手指尖输出力具有一定的主动柔顺性。而本书提出的 ZJUT 多指灵巧手具有很好的被动柔顺性，同时由于 FPA 的特殊结构，关节角速度与角加速度难以建模与控制，因此对 ZJUT 多指灵巧手指实施阻抗控制的意义不大。

然而，多指灵巧手的抓持过程往往是一个与环境的动态接触过程，多数情况下灵巧手或者操作者对环境位置(指尖与目标物体接触初始位置)的估计不够精确，即灵巧手在未知环境中抓持或操作目标物体。因此，除了上述的手指静力学问题，多数情况是期望在未知环境中，手指同时满足位置与力的某种理想的动态关系，同时希望指尖与环境的接触力保持恒定的期望值。基于指尖力传感器反馈信息，本章提出一种指尖力模糊自适应跟踪控制策略，实现在未知环境下手指指尖力精确跟踪的同时，尽量减少指尖对环境的冲击作用，以免造成目标物体的不可恢复的损伤。同时，该控制策略可以应用在一类采用柔性驱动器(PMA、FMA等)的多指灵巧手输出力动态跟踪控制中。

8.4 指尖力模糊自适应跟踪控制策略

8.4.1 模糊控制基本原理

模糊控制是模糊集合理论应用的一个重要方面，它是智能控制的重要分支，在一定程度上模拟人的控制，不需要控制对象的准确模型，控制过程融入了人的控制经验和知识。对于一些难以用经典控制理论建立精确数学模型的系统，可以采用模糊控制，它具有以下几个特点[154,155]：

(1) 鲁棒性强，控制精度高，对过程参数变化不敏感，尤其适用于时变非线性系统；

(2) 控制规则易用语言变量表达，可以利用人的经验建立语言变量规则，并可以通过简单的软硬件实现；

(3) 保证系统在小超调或无超调前提下迅速达到稳态，显示了对非线性系统控制的优点。

一般的模糊控制器主要由以下 4 部分构成，如图 8-5 所示。

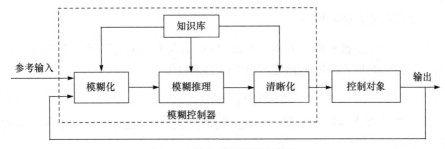

图 8-5　模糊控制器的结构图

(1) 模糊化。模糊化的作用是将输入的精确量转换成模糊量。输入量包括外界的参考输入、系统输出或状态等。模糊化的具体过程是：①将输入量进行处理变换为模糊控制器要求的输入量；②将处理过的输入量进行尺度变换，变换到各自的论域范围；③将已经变换到论域范围内的输入量进行模糊处理，使原来精确的输入量变成模糊量，并用相应的模糊集合来表示。模糊化运算可以表示为

$$x = f_z(x_0) \tag{8-9}$$

式中，x_0 为经过变换的输入精确量；x 为模糊集合；f_z 为模糊化运算符。

(2) 知识库。知识库中包含了具体应用领域范围的知识和要求的控制目标，通常由数据库和模糊控制规则库两部分组成。数据库主要包括各语言变量的隶属度函数、尺度变换因子及模糊空间的分级数等；规则库包括用模糊语言变量表示的一系列控制规则，反映了控制专家的经验和知识。

(3) 模糊推理。模糊推理是模糊控制器的核心，具有模拟人的基于模糊概念的推理能力。模糊推理过程是基于模糊逻辑中的蕴涵关系及推理规则进行的。

(4) 清晰化。清晰化的作用是将模糊推理得到的模糊量变换为实际用于控制的清晰量，主要包含两部分：①将模糊的控制量进行清晰化变换，转换成表示在论域范围的清晰量；②将表示在论域范围的清晰量进行尺度变换成为实际的控制量。清晰化运算表示为

$$z_0 = \mathrm{d}f(z) \tag{8-10}$$

式中，z_0 为控制输出的清晰量；$\mathrm{d}f$ 为清晰化运算符；z 为模糊推理过程中输出的模糊量。

在模糊控制中，通过用一组语言描述的规则来表示专家知识。专家知识通常具有如下格式：if(满足一组条件)then(可以推导出一组结论)。在 if-then 规则中的前提和结论均是模糊的概念，前提是具体应用领域中的条件，结论是要采取的控制行动。if-then 的模糊控制规则为表示控制领域的专家知识提供了方便的工具。对于多输入多输出(MIMO)模糊系统，有多个前提和多个结论。

8.4.2　手指与环境接触模型

手指与环境接触模型如图 8-6 所示，接触引起的环境局部微小变形由矢量 X_E 表示。手指指尖与环境的接触力可由弹性力来模拟：

$$^4F = K_e X_E = K_e(X - X_e) \tag{8-11}$$

式中，X_e 为环境表面接触位置，mm；X 为手指实际位置，mm；K_e 为环境刚度系数，N/mm。

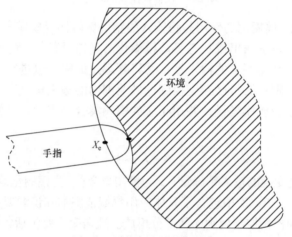

图 8-6　手指与环境接触模型

根据式(8-11)，手指与环境接触系统可简化为一个"质量-弹簧"系统[156]，假设精确知道环境表面接触位置和环境刚度系数，指尖实际位置可以通过关节位置传感器得到，从而可以精确计算得到手指与环境实际接触力。但在实际操作过程中，由于各种不可预知的因素，灵巧手及操作者很难精确了解环境刚度 K_e 及环境表面接触位置 X_e，这导致手指力控制往往存在误差，无法在要求高精密输出力的场合使用。

8.4.3　指尖力自适应跟踪控制算法

多指灵巧手对目标物体实施抓持或操作时，可以从两个运动空间考虑，即自由运动空间和接触空间(环境约束空间)。自由运动空间中，手指从初始位置运动至与环境接触，整个运动过程，指尖与环境的接触力 $^4F = 0$。接触空间中，指尖从与环境接触开始运动至相对静止状态，整个过程指尖与环境的接触力 ^4F 从小变大。

在未知环境下，指尖力自适应跟踪控制算法的核心思想是根据指尖力传感器的反馈信息，自适应调整指尖参考位置 X_r，从而逐步间接逼近期望的参考力 F_r。具体实施过程如下：首先，以环境位置 X_e 为目标参考位置，手指从指尖初始位置运动至与环境位置接触；接着，指尖继续运动，与环境接触力逐渐增大，根据指尖力传感器的力反馈信息，手指不断调整目标参考位置，逐步逼近期望指尖力。在未知环境中，很难精确知道环境位置 X_e，假设环境位置估计 X'_e 与环境实际位置 X_e 之间存在偏差 $\zeta = X_e - X'_e$，用环境位置估计 X'_e 作为算法初始目标参考位置，同时算法中不涉及环境刚度，因此，可以消除未知环境带来的影响。由于 ^4F 在各力的分量是可以解耦的[157]，为了表达清楚，可以只考虑某一维操作空间情况，用 x_e、x'_e、x_r、f_r 代替 X_e、X'_e、X_r、F_r，指尖参考位置自适应调整算法公式如下：

$$x_r(t) = x(t-T) + \delta(t) \tag{8-12}$$

$$\delta(t) = \eta(t) \cdot (f_r - f(t-T)) \tag{8-13}$$

式中，$x_r(t)$ 为 t 时刻指尖目标参考位置，mm；$t = 0$ 时刻指尖目标参考位置为环境位置估计 x'_e；T 为算法控制周期，s；$x(t-T)$ 为 $t-T$ 时刻指尖实际位置，mm；$\delta(t)$ 为 t 时刻指尖目标参考位置补偿算子，mm；f_r 为期望目标参考力，N；$f(t-T)$ 为 $t-T$ 时刻手指与环境实际接触力，由指尖力传感器检测通过坐标转换得到，N；$\eta(t)$ 为比例因子，mm/N。

8.4.4　参考位置补偿算子模糊自整定

前面提到，模糊控制不需要对象的精确模型，同时具有较好的控制精度和较强的鲁棒性，故采用模糊控制对指尖目标参考位置补偿算子 $\delta(t)$ 进行整定，实际上是对比例因子 $\eta(t)$ 实施在线模糊自整定。根据输入量，经过模糊控制器实时调节比例因子 $\eta(t)$ 的大小，进而改变目标参考位置，使得指尖与环境的接触力能够快速、平滑、零超调跟踪期望参考力。比例因子 $\eta(t)$ 模糊自整定控制器具体设计步骤如下：

(1) 确定 t 时刻模糊控制器输入量、输出量。模糊控制器的两个输入量：①力的误差值 $f_e(t)$，即目标参考力 f_r 与实际接触力 $f(t-T)$ 的差值 $f_e(t) = f_r - f(t-T)$；②实际接触力的变化率 $f_{ec}(t)$，$f_{ec}(t) = \frac{1}{T}(f(t-T) - f(t-2T))$。输出量为比例因子 $\eta(t)$。

(2) 确定输入量及输出量的变化范围、论域范围及尺度变换。根据期望参考力，确定输入输出量的实际变化范围，并经过尺度变换后变换到相应的论域范围内。

(3) 论域范围内定义各个语言变量的模糊子集。输入量 f_e、f_{ec} 及输出量 η 的语言变量名称定义为 FE、FEC 及 H，相对应的模糊子集为 $T(\text{FE})$、$T(\text{FEC})$ 及 $T(H)$，其中，$T(\text{FE}) = \{\text{NB(负大)}, \text{NS(负小)}, \text{ZE(零)}, \text{PS(正小)}, \text{PB(正大)}\}$，$T(\text{FEC}) = \{\text{NB(负大)}, \text{BS(负小)}, \text{ZE(零)}, \text{PS(正小)}, \text{PB(正大)}\}$，$T(H) = \{\text{NB(负大)}, \text{BS(负小)}, \text{ZE(零)}, \text{PS(正小)}, \text{PB(正大)}\}$。模糊集合的隶属度函数，均采用正态分布

函数。

(4) 确定模糊控制规则。输出量比例因子 $\eta(t)$ 的调整原则如下：力的误差值 f_e 为期望参考力，当实际接触力变化率 f_{ec} 不变时，手指处于自由运动状态，指尖不与环境接触，此时应当保持比例因子 $\eta(t)$ 偏大，增大参考位置补偿算子 $\delta(t)$ 的值，以便手指指尖迅速与环境接触；当力的误差 f_e 较大，而实际接触力变化率 f_{ec} 较小时，应当增大参考位置补偿算子 $\delta(t)$ 的值，保持比例因子 $\eta(t)$ 偏大；当力的误差 f_e 较大，而实际接触力变化率 f_{ec} 也较大时，应保持比例因子 $\eta(t)$ 适中，可以较快地跟踪期望参考力并避免力的超调；当力的误差 f_e 较小，而实际接触力变化率 f_{ec} 较大时，应当保持比例因子 $\eta(t)$ 偏小，避免指尖与环境发生接触力过大超调的情况；当力的误差 f_e 较小，而实际接触力变化率 f_{ec} 也较小时，应当保持比例因子 $\eta(t)$ 偏小或适中，使得指尖与环境的接触力逐渐逼近期望参考力。根据上述分析，可得到输入为 FE 及 FEC、输出为 H 的模糊控制规则，如表 8-1 所示。

表 8-1 模糊控制规则表

H FEC \ FE	NB	NS	ZE	PS	PB
NB	NB	NS	PS	PS	PB
BS	NB	NS	ZE	PS	PS
ZE	NB	NB	ZE	ZE	PS
PS	NB	NB	NS	ZE	PS
PB	NB	NB	NS	NS	ZE

(5) 输出量去模糊处理。根据上述模糊控制规则进行近似推理，得到输出量的模糊值，需要将这些模糊量进行清晰化，即去模糊处理。常用的去模糊方法有最大隶属度法、中位数法、加权平均法。采用加权平均法对输出量解模糊，得到清晰化的输出量 $\eta(t)$：

$$\eta(t) = \frac{\sum_{i=1}^{n} z_i h(z_i)}{\sum_{i=1}^{n} h(z_i)} \qquad (8\text{-}14)$$

式中，z_i 为控制器输出量 H 的第 i 个等级；$h(z_i)$ 为 H 对应 z_i 的隶属度大小。

8.4.5 指尖力模糊自适应跟踪控制器设计

根据上述分析，设计未知环境下手指指尖力模糊自适应跟踪控制器，其结构如图 8-7 所示。图中，手指与环境的接触力通过指尖五维力传感器测量，反馈得到的力经过坐标变换与期望的接触力 F_r 相减，得到的接触力误差 F_e 乘以比例因子 $\eta(t)$，与指尖实际位置 X 相加得到指尖下一控制周期的参考位置 X_r，比例因子 $\eta(t)$ 通过 8.4.4 节提出的模糊自整定控制器在线调节；参考位置 X_r 经过手指逆运动学 $L^{-1}(X_r)$ 求解得到期望参考关节角度 θ_r，与关节角度传感器检测的实际角度 θ 相减，其差值作为手指位置控制器的输入，手指的位置控制在第 7 章已经做了详细介绍。可以看到该控制器包含了手指位置控制环，其力跟踪控制精度很大程度上取决于手指位置控制精度。

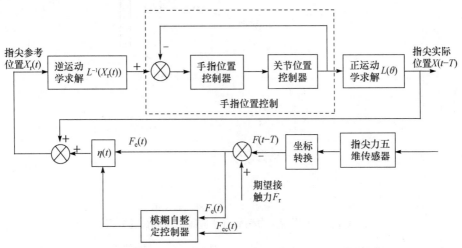

图 8-7　未知环境下指尖力模糊自适应跟踪控制器

8.4.6　指尖力模糊自适应跟踪试验

为了验证上述提出的指尖力模糊自适应跟踪控制策略的有效性，确定如图 8-8 所示的指尖力模糊自适应跟踪试验方案。

图 8-8 中，指尖从初始位置 $P_0=[80\ 15\ 60]$ 沿基坐标系 z_0 方向向未知目标物体 (为了验证算法的自适应性，试验中用刚度较小的泡沫材料作为目标物体，其位置及刚度未知) 做直线移动，假定期望的指尖输出力保持 $F_z=12\mathrm{N}$ (相对于基坐标系)，初始的环境位置估计 x_e' 为 $P'=[80\ 15\ 66]$，算法控制周期 $T=0.05\mathrm{s}$，未知目标物体位置大约在 $P_{zr}=80\mathrm{mm}$ 处，得到试验结果如图 8-9 所示。

从图 8-9 中可以看出，在自由运动空间中，根据指尖力传感器的反馈信息，算法适当增大参考位置补偿算子 $\delta(t)$，使得指尖快速逼近未知目标物体，由于指尖力传感器噪声的存在，实际目标接触力约为 0；在接触空间中，由于手指的被动柔顺性和指尖参考位置的在线模糊自整定，指尖与目标物体接触的初始阶段没有发生明显的抖动和力的超调现象；指尖与目标物体接触后能够快速、平滑地到达期望的接触力，稳态误差在 $\pm0.15\mathrm{N}$ 范围，并且指尖 z_0 方向坐标稳定在 $80\mathrm{mm}$ 左右处，达到期望的接触力的稳态时间约为1s。目前已有的其他指尖力动态跟踪算法的结果为：Lu 等[158]提出的滑模阻抗指尖力动态跟踪算法，响应时间约为 1.2s；Haidacher 和 Hirzinger[159]提出的在线参数估计算法，响应时间约为 2.4s；Seraji 和 Colbaugh[160]提出的自适应阻抗力控制方法，响应时间约为 0.8s。因此，本章提出的指尖力模糊自适应跟踪控制算法能够消除未知环境的影响，快速、有效、平滑地动态跟踪期望的接触力，具有良好的控制效果。

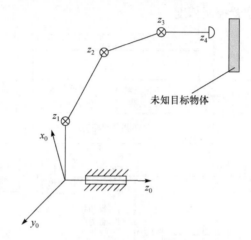

图 8-8　手指指尖力模糊自适应跟踪控制试验方案

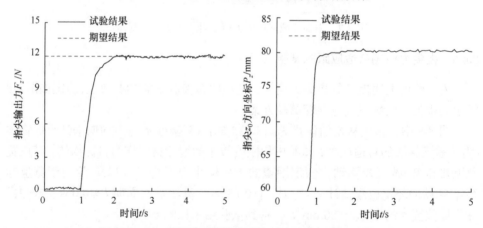

图 8-9　未知环境下手指指尖力自适应动态跟踪试验结果

8.5　本章小结

在多指灵巧手的操作过程中，基本的功能是抓持。抓持要求灵巧手的操作手指接触到物体表面并发生相互力的作用。本章对 ZJUT 多指灵巧手抓持位置的选取和抓持力的问题进行了论述，建立了手指受到环境约束状态的静力学模型，给出了手指静力半闭环跟踪试验方案。试验结果表明，ZJUT 多指灵巧手在与环境的接触过程中具有很好的被动柔顺特性，使其在环境交互方面表现出很好的适应性。另外，设计了指尖力模糊自适应跟踪控制策略，简化控制算法的同时提高了响应速度，并给出了模糊自适应跟踪控制器的设计、试验及结果分析。

第 9 章 ZJUT 多指灵巧手抓持规划

9.1 引 言

仿人型多指灵巧手的研究一直是一个热门的方向，研究人员期望机器人末端执行器可以独立完成复杂的抓持并操作物体的任务，能够研制出真正的拟人化机器人。基于灵巧手固有的结构特点，灵巧手能够以多点接触的方式完成对目标物体的抓持操作，抓持方式与抓持规划是完成操作任务两个最主要的前提。只要恰当地完成了抓持和规划，就不需要更换多种末端执行器，只需灵巧手一种执行器即可完成对任意形状物体的抓持与操作，甚至可以超越人手的能力和极限，例如在人类无法到达的环境(太空、深海、辐射等)中进行操作，完成精准的动作。

研究人员普遍认为，多指灵巧手能否在指定的位置实现对目标物体的稳定抓持，很大程度取决于手掌的位姿(位置和姿态)选取是否合理[161]，合理的手掌位姿不仅能够保证各手指关节转角在其工作空间内，而且能够使灵巧手以较佳的位形抓持物体。从人手抓持经验可知：对于给定的接触点位置，手掌的位姿有多个解；手掌位姿不同，抓持时各个手指的位形也不同，即各个关节角度不同。多指灵巧手要能够根据目标物体的形状和位姿实时调整手掌的抓持位置和姿态。本章以抓持动作为目标，提出一种将自适应神经网络-模糊推理系统应用于抓持模型的重构，把未知物体单边线性及单边近似线性模型的规则化等价的方法。

9.2 最佳手掌抓持姿态

在进行 ZJUT 多指灵巧手的指尖抓持规划时，首先应该定义其最佳的手掌抓持姿态。下面对灵巧手的工作系统进行简要说明，如图 9-1 所示。

(1) ZJUT 多指灵巧手安装在作者团队自主研发的四自由度机械臂的末端，进行灵巧手抓持规划时，通过机械臂调整手掌位姿。

(2) 机械臂的工作平台作为 ZJUT 多指灵巧手规划的基准平面。

保证足够大的抓持空间，同时结合 ZJUT 多指灵巧手的实际结构特点，定义拇指基坐标系的 y_0z_0 平面与目标物体放置平面平行时为手掌的最佳抓持姿态，x_0 轴的正方向表示 ZJUT 多指灵巧手的抓持方向，如图 9-2 所示。

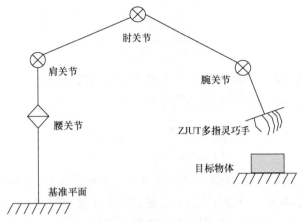

图 9-1　ZJUT 多指灵巧手的工作系统

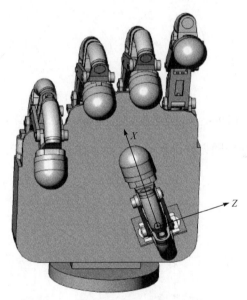

图 9-2　ZJUT 多指灵巧手的最佳抓持姿态

9.3　抓持模型构建方法

9.3.1　超椭圆方程

超椭圆概念最早是由法国数学家 Gabriel Lame 提出来的，属于超二次曲面的一种。超二次曲面由二次方程添加参数生成，可以通过调整参数以改变曲线或曲面的形状。超椭圆方程在直角坐标系的表达形式如下：

$$\left(\frac{y}{r_x}\right)^{\frac{2}{s}} + \left(\frac{z}{r_y}\right)^{\frac{2}{s}} = 1 \tag{9-1}$$

式中，参数 s 为实数，当 $s=1$ 时，可以得到标准椭圆方程。

由式(9-1)可知，超椭圆参数方程可表示为

$$\begin{cases} y = r_y \cos^s \omega \\ z = r_z \sin^s \omega \end{cases}, \quad -\pi \leqslant \omega \leqslant \pi \tag{9-2}$$

当 $r_y=r_z$ 时，取不同的 s 值，可以得到一组超椭圆曲线，如图 9-3 所示。从图中可以看出，超椭圆方程的特点是：仅通过改变参数 s 的值，其曲线可以模拟大量的自然形状，包括椭圆、矩形及其他不规则的形状。

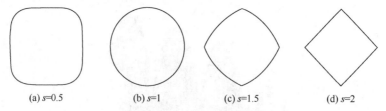

(a) s=0.5　　　　　(b) s=1　　　　　(c) s=1.5　　　　　(d) s=2

图 9-3　不同参数值 s 对应的超椭圆图形(r_y=r_z)

对式(9-2)所示超椭圆方程进行坐标变换，如图 9-4 所示。

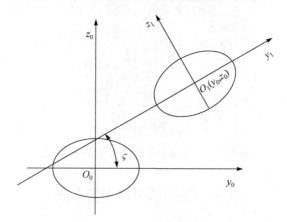

图 9-4　超椭圆方程坐标变换

坐标系{B}的原点 O_1 在坐标系{A}中的坐标为(y_0, z_0)，坐标轴之间的夹角为 ς。由坐标变换可得一般超椭圆方程为

$$^A P = {}^A_B R \cdot {}^B P + {}^A P_{O_1} \tag{9-3}$$

式中，

$$
{}_B^A R = \begin{bmatrix} 1 & 0 & 0 \\ 0 & \cos\varsigma & -\sin\varsigma \\ 0 & \sin\varsigma & \cos\varsigma \end{bmatrix} \tag{9-4}
$$

$$
{}^B P = \begin{bmatrix} 0 \\ r_y \cos^s \omega \\ r_z \sin^s \omega \end{bmatrix} \tag{9-5}
$$

$$
{}^A P_{O_1} = \begin{bmatrix} 0 \\ y_0 \\ z_0 \end{bmatrix} \tag{9-6}
$$

将式(9-4)～式(9-6)代入式(9-3)，化简可得

$$
{}^A P = \begin{bmatrix} 0 \\ y_0 + r_y \cos^s \omega \cos\varsigma - r_z \sin^s \omega \sin\varsigma \\ z_0 + r_y \cos^s \omega \sin\varsigma + r_z \sin^s \omega \cos\varsigma \end{bmatrix} \tag{9-7}
$$

考虑 x 坐标值，可以得到超椭圆方程一般化的表达式为

$$
\begin{cases} x = c \\ y = y_0 + r_y \cos^s \omega \cos\varsigma - r_z \sin^s \omega \sin\varsigma \\ z = z_0 + r_y \cos^s \omega \sin\varsigma + r_z \sin^s \omega \cos\varsigma \end{cases} \tag{9-8}
$$

9.3.2　抓持模型构建方法

假设 ZJUT 多指灵巧手以最佳的抓持姿态抓持某一目标物体，如图 9-5 所示，认为手指与目标物体的所有接触点在拇指基坐标系 $y_0 z_0$ 平面的投影构成的点集是该目标物体在 $y_0 z_0$ 平面投影曲线上的点。通过投影面上的点，结合超椭圆方程曲线能够模拟复杂不规则曲线的特点，利用超椭圆方程重构出未知目标物体的数学模型。

由于未知目标物体形状、质量等参数的不确定性，采用传统的建模方法很难实现对其精确建模。基于自适应神经网络-模糊推理系统(adaptive neural network based fuzzy inference system, ANFIS)，提出一种实现对未知目标物体实现抓持的模型重构方法。

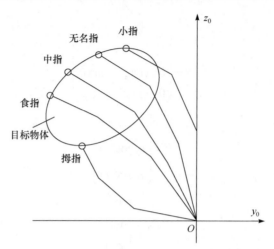

图 9-5　目标物体与灵巧手接触点在 y_0oz_0 平面投影

9.4　基于 ANFIS 的抓持模型辨识

9.4.1　ANFIS 及通用结构

ANFIS 是在模糊系统中引入神经网络，是对具有监督自学习能力神经网络算法的扩展[162]。ANFIS 采用 Takagi-Sugeno(T-S 型)模糊模型来近似非线性对象模型，用多层的自适应神经网络获得优化的模型参数，不仅能够从专家的经验中提取语言规则，而且能够利用输入输出数据和神经网络的自学习功能，优化模糊逻辑系统中的模糊规则、隶属度函数和模糊决策算法，将神经网络的学习结果转化为模糊逻辑系统的规则知识，也就是说，ANFIS 是一种从样本数据中获取信息，通过调节隶属度函数，使模型与给定样本数据最吻合的建模方法。由此可见，ANFIS 具有自适应、自学习的特点，作为一种针对非线性对象的建模方法是非常有应用前景的，目前已经在机器人控制器设计、倒立摆控制及一些非线性系统中成功应用。

ANFIS 采用 T-S 型模糊系统。为简单起见，考虑具有两个输入 x、y 和一个输出 z 的模糊推理系统，如图 9-6 所示。对于一阶 T-S 型模糊系统，具有两条模糊 if-then 规则，如下：

R_1：if　x equals A_1 and y equals B_1，then　$f_1 = p_1 x + q_1 y + r_1$；

R_2：if　x equals A_2 and y equals B_2，then　$f_2 = p_2 x + q_2 y + r_2$。

A_1、B_1、A_2、B_2 属于输入变量相对于 f_1、f_2 的模糊集。

图 9-6 简要说明了 T-S 型模糊系统的推理过程，其相应等效的 ANFIS 模型结构如图 9-7 所示，模型共分为 5 层，下面简单介绍每层的作用和功能。

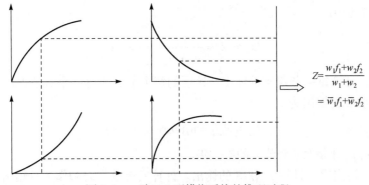

图 9-6　一阶 T-S 型模糊系统的推理过程

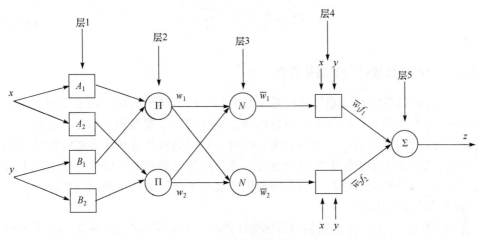

图 9-7　一阶 T-S 型模糊系统的等效 ANFIS 模型

层 1：模糊化层，计算各个输入变量的模糊隶属度。假设 $O_{1,i}$ 表示层 1 第 i 个节点的输出，即第 i 个输入变量属于相应模糊集的隶属度；μ_{Ai}、μ_{Bi} 表示第 i 个输入变量的隶属度函数，那么层 1 各个节点的输出可表示为

$$\begin{cases} O_{1,i} = \mu_{Ai}(x), & i=1,2 \\ O_{1,i} = \mu_{B(i-2)}(y), & i=3,4 \end{cases} \tag{9-9}$$

层 2：规则层。该层每个节点对应一条模糊规则，节点输出表示每条规则的活动强度(activity intensity)。节点函数可以使用任意模糊"与"(AND)的 T 范式算子，每个节点输出可表示为

$$O_{2,i} = w_i = \mu_{Ai}(x)\mu_{Bi}(y), \quad i=1,2 \tag{9-10}$$

层 3：计算活动强度的归一化值。这层的每个节点是标示为 N 的固定节点，第 i 个节点计算方法为第 i 个规则活动强度与所有规则活动强度的比值。层 3 的

输出可以表示为

$$O_{3,i} = \overline{w}_i = \frac{w_i}{w_1 + w_2}, \quad i = 1, 2 \tag{9-11}$$

层 4：计算每一条规则的输出。这层的每个节点 i 是一个有节点函数的自适应节点，层 4 的输出为

$$O_{4,i} = \overline{w}_i f_i = \overline{w}_i (p_i x + q_i y + r_i) \tag{9-12}$$

式中，$\{p_i, q_i, r_i\}$ 是第 i 个节点的参数集。

层 5：输出层，计算 ANFIS 的输出。计算所有信号之和作为总输出：

$$O_{5,i} = \sum \overline{w}_i f_i = \frac{\sum_i w_i f_i}{\sum_i w_i} \tag{9-13}$$

9.4.2　目标物体模型的规则化等价

灵巧手抓持的目标物体往往是未知的，其形状和结构往往是不规则、不统一的。对所有的目标物体建立抓持模型，不仅增加了模型辨识难度，而且大大降低了系统的辨识效率。本节提出一种对一类单边线性或单边近似线性的目标物体，规则化等价为矩形模型的方法。该方法可以处理具有同一特征的一类目标物体，一定程度上提高了模型的辨识速度，增强了灵巧手的抓持实时性。该方法的具体原理如下：

假设灵巧手五个手指指尖与目标物体接触，对应在拇指基坐标系 $y_0 z_0$ 平面投影如图 9-8 所示，其中，$C_i(y_{0i}, z_{0i})(i=1, 2, \cdots, 5)$ 分别是五个手指指尖与目标物体各个接触点投影在 $y_0 z_0$ 平面的坐标；$h_i(i=1, 2, 3)$ 分别是投影点 C_1、C_3、C_4 到直线 $C_2 C_5$ 的距离，h_4 是投影点 C_2、C_5 之间的距离：

$$\begin{cases} h_1 = \dfrac{|ky_{01} - z_{01} + b|}{\sqrt{1 + k^2}} \\ h_2 = \dfrac{|ky_{03} - z_{03} + b|}{\sqrt{1 + k^2}} \\ h_3 = \dfrac{|ky_{04} - z_{04} + b|}{\sqrt{1 + k^2}} \\ h_4 = \sqrt{(y_{02} - y_{05})^2 + (z_{02} - z_{05})^2} \end{cases} \tag{9-14}$$

式中，

$$k = \frac{z_{02} - z_{05}}{y_{02} - y_{05}} \tag{9-15}$$

$$b = z_{02} - \frac{z_{02} - z_{05}}{y_{02} - y_{05}} y_{02} \tag{9-16}$$

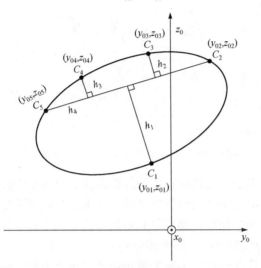

图 9-8　接触点投影距离

已知投影点各距离，做如下定义：①当 $h_2 = h_3 = 0$ 时，目标物体定义为单边线性；②当 $h_2 \neq 0$ 或 $h_3 \neq 0$，且 $\max(h_2, h_3) / (\min(h_2, h_3) + h_1) \leqslant \sigma$（$\sigma = 5\%$）时，目标物体定义为单边近似线性。当满足上述任一定义条件时，该目标物体可以规则化等价为矩形模型，其抓持模型可统一按照矩形模型建立，如图 9-9 所示。图中，实线部分是目标物体实际投影视图，虚线部分表示规则等价的矩形模型，C_i（$i= 1, 2, \cdots, 5$）分别是指尖与目标物体各个接触点的投影。

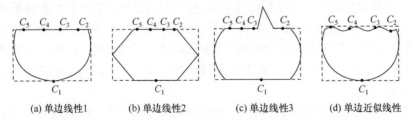

| (a) 单边线性1 | (b) 单边线性2 | (c) 单边线性3 | (d) 单边近似线性 |

图 9-9　单边线性及单边近似线性模型的规则化等价

9.4.3　基于 ANFIS 抓持模型的重构

在超椭圆方程及 ANFIS 模型通用结构的基础上，本节结合 ZJUT 多指灵巧手的结构特点，提出了基于 ANFIS 的多指灵巧手抓持模型的构建方法。其基本构架是由 5 个输入(5 个手指指尖与目标物体的所有接触点在拇指基坐标系 y_0z_0 平面的投影点坐标)、3 个输出(超椭圆方程参数 r_y、r_x、s)构成的 5 层网络,如图 9-10 所示,辨识过程如下。

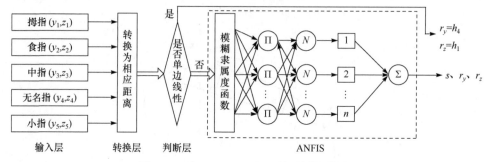

图 9-10　基于 ANFIS 灵巧手抓持模型结构

(1) 输入层:将手指与目标物体的接触点转换为 y_0z_0 平面投影点坐标;

(2) 转换层:根据接触点的投影坐标,计算相对应的距离 $h_i(i=1,2,3,4)$;

(3) 判断层:根据相应距离判断目标物体是否属于单边线性或单边近似线性模型,若是,进行模型等价,易得相应的 r_y、r_z 参数值;

(4) ANFIS:若目标物体不属于单边线性或单边近似线性模型,则需要利用 ANFIS 进行模型辨识,推理得出相对应的 s、r_y、r_z 参数值。

9.4.4　抓持模型的仿真验证

单边线性及单边近似线性的目标物体的抓持模型可以等价为矩形模型处理,不需要进行 ANFIS 抓持模型辨识,因此,本节主要针对单边非线性的目标物体,基于 ANFIS 建立抓持模型的仿真验证。

(1) 训练样本的选择:通过三维建模软件 Solidworks 以及 OpenGL 开发环境以 1∶1 比例建立灵巧手的虚拟仿真系统。将不同的已知待训练目标物体模型导入该虚拟系统中,通过软件建立各个手指与目标物体的约束关系,从而实现灵巧手以最佳抓持姿态虚拟抓持目标物体;在虚拟环境中可以快速、精确、有效地检测各个关节的角度及指尖位置,进而采集得到指尖在抓持平面的投影坐标,作为系统的训练样本。

(2) 样本数量及训练方法选择:采用 ANFIS 方法建模,样本数据并不是越多越好。ANFIS 的计算量随着训练数据的增加而成比例增大,同时神经网络的学习并不总是朝着最优方向进行收敛,有可能随着训练数据的增加,训练结果会出现模型过匹配现象。因此,仿真采用三组数据:第一组数据是训练样本,共 110 组数据;第二组数据为模型校验数据,共 30 组数据,这些数据和训练样本同时输入

ANFIS 中，但不直接作为训练数据参与模型的训练学习，而是辅助、判断、控制模型的训练过程，防止模型过匹配情况发生；第三组数据为训练模型测试数据，共 20 组数据，测试数据和校验数据不同，它是在模型训练好以后，对模型进行验证和误差比较。

（3）仿真参数及条件确定：设定输入变量的隶属度函数均为正态分布函数 (gbellmf)，输入-输出模糊规则数设定为 54 条，训练次数设为 150 次，设定输出变量的隶属度函数类型为线性(liner)；训练方法采用最小二乘法与 BP 网络算法相结合的方法。

（4）仿真结果与模型验证：仿真结果如图 9-11 所示。图 9-11(a)、(c)、(e)为参数 r_y、r_z、s 样本的训练误差，可以看出 r_y 和 r_z 的训练误差为$-0.002 \sim 0.002$mm，s 的训练误差为$-8 \times 10^{-5} \sim 8 \times 10^{-5}$，对比各自训练样本中的最小值，可以得出所有的样本最大的训练误差均小于 0.01%；图 9-11(b)、(d)、(f)为 20 组测试样本对训练模型的验证，其中，"×"表示测试样本数据，"·"表示 ANFIS 模型输出，r_y、r_z 及 s 的测试样本数据与模型输出的平均误差分别为 1.719mm、1.640mm 及 0.0157。仿真及模型验证结果表明，基于 ANFIS 抓持模型的重构方法能够很好地对目标物体进行模型辨识，同时具有很好的辨识精度和收敛性。

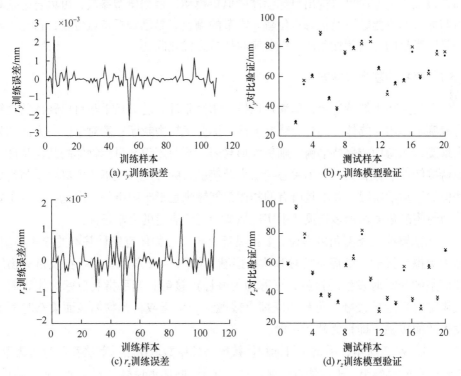

(a) r_y 训练误差

(b) r_y 训练模型验证

(c) r_z 训练误差

(d) r_z 训练模型验证

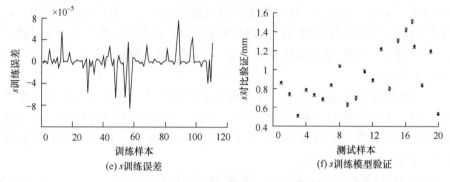

(e) s训练误差　　　　　　　(f) s训练模型验证

图 9-11　基于 ANFIS 抓持模型仿真结果

9.5　多指灵巧手的抓持规划

多指灵巧手的抓持规划，主要包括两方面的问题：①选择合理的参与抓持的手指数量及接触点位置；②对目标物体实施稳定抓持，同时对抓持力进行合理优化，即在抓持能耗最小的前提下，满足力封闭条件实现稳定抓持。9.3.2 节所述的抓持模型构建方法可重构出目标物体的抓持模型，根据模型参数，可以合理估算参与抓持的手指数量及接触点位置。本节的侧重点是已知抓持点位置，讨论抓持稳定应满足的力封闭性条件，以及实时抓持力优化问题。

9.5.1　抓持的基本力学方程

多指灵巧手抓持稳定，即满足抓持封闭性条件。若灵巧手与目标物体的接触力螺旋与作用在物体上的外力螺旋平衡，称为抓持力封闭；若对于任一方向的外力螺旋，抓持均能保持平衡，则称为形封闭。形封闭仅与目标物体的几何特征和抓持接触点位置有关，并不关心接触力及接触力的分配，也不考虑灵巧手与目标物体的运动学情况，并不是所有的物体都能够满足形封闭条件。因此，本节主要从力封闭的角度讨论多指灵巧手实现抓持稳定应满足的力学条件。

从摩擦约束类型角度考虑，多指灵巧手与目标物体有三种基本的接触类型，即无摩擦点接触、摩擦点接触和软指接触，如图 9-12 所示。当手指及目标物体表面坚硬光滑时发生的接触，可称为无摩擦点接触；当手指及目标物体表面坚硬粗糙时发生的接触，可称为摩擦点接触；当手指或目标物体表面柔软时两者发生的面接触，即称为软指接触。

如图 9-12 所示，手指与目标物体接触力的维数取决于接触类型。令 f_i 为第 i 个接触点的接触力，无摩擦点接触：$f_i = [f_{iz}]$，摩擦点接触：$f_i = [f_{ix} \quad f_{iy} \quad f_{iz}]^T$，软指接触：$f_i = [f_{ix} \quad f_{iy} \quad f_{iz} \quad m_{iz}]^{\mathrm{T}}$。这里，$f_{ix}$、$f_{iy}$ 为切向力，f_{iz} 为法向力，m_{iz} 为绕接触法线的摩擦扭矩。假定手指与目标物体共有 q 个接触点，则总的接触力可表示为

$$f = [f_1^{\mathrm{T}} \quad f_2^{\mathrm{T}} \quad \cdots \quad f_q^{\mathrm{T}}]^{\mathrm{T}} \in \mathbf{R}^n \tag{9-17}$$

式中，$n = m_0 + 3m_1 + 4m_2$；$q = m_0 + m_1 + m_2$。这里，m_0 为无摩擦点接触数；m_1 为摩擦点接触数；m_2 为软指接触点数。

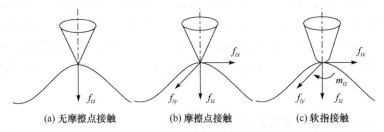

(a) 无摩擦点接触　　　　(b) 摩擦点接触　　　　(c) 软指接触

图 9-12　三种基本接触类型

作用于刚体上的所有力系均可等效为沿某一直线作用的力 f 和绕该直线作用的力矩 m，f 和 m 的组合称为力螺旋，用 $w = (f, m)$ 表示。接触力 f_i 产生的力螺旋可表示为

$$w_i = G_i f_i \in \mathbf{R}^6 \tag{9-18}$$

式中，$G_i \in \mathbf{R}^{6 \times d_i}$ 为抓持矩阵；d_i 为第 i 点接触力维数。

灵巧手与目标物体接触的合力螺旋可表示为

$$w = \sum_{i=1}^{q} w_i = \sum_{i=1}^{q} G_i f_i = Gf \in \mathbf{R}^6 \tag{9-19}$$

式中，G 为总的抓持矩阵，取决于接触点位置，即

$$G = [G_1 \quad G_2 \quad \cdots \quad G_q] \tag{9-20}$$

当作用在目标物体上的外力螺旋 w_{ext} 与手指接触力螺旋平衡时，即满足

$$w = -w_{\mathrm{ext}} = Gf \tag{9-21}$$

此时，实现对目标物体的抓持稳定。当对于任一外力螺旋 w_{ext} 均存在一接触力螺旋 w 与之抵消，形成抓持平衡，称之为抓持满足力封闭。

除了满足力平衡条件外，要避免在接触点处分离或打滑，接触力 f_i 还须满足以下摩擦锥约束：

$$f_{iz} \geqslant 0 \,(无摩擦点接触) \tag{9-22}$$

$$\sqrt{f_{ix}^2 + f_{iy}^2} \leqslant \mu_i f_{iz}, \quad f_{iz} > 0 \, (摩擦点接触) \tag{9-23}$$

$$\sqrt{f_{ix}^2 + f_{iy}^2} \leqslant \mu_i f_{iz} - \frac{\mu_i}{\mu_{ti}} |m_{iz}|, \quad f_{iz} > 0 \, (软指接触) \tag{9-24}$$

式中，μ_i 为第 i 个接触点的摩擦系数；μ_{ti} 为第 i 个接触点摩擦力矩与剪切极限的比例常数。

由式(9-23)和式(9-24)可以看出，摩擦锥为非线性约束，通常计算量较大，从而使得抓持力优化的实时性受到限制。Sinha 和 Abel[163]提出采用二次规划法解决上述摩擦锥非线性约束问题；Kumar 和 Waldron[164]讨论了一种指力分配的优化方法；Jameson 和 Leifer[165]通过减小目标函数最大值，将上述的非线性约束转换为无约束最优化问题，但是由于四次函数的局部极值不可避免，有时会导致抓持的不稳定。

9.5.2　基于线性约束梯度流的抓持力优化方法

若手指与目标物体有 q 个接触点，所有接触点的摩擦锥约束可以表示为块对角矩阵 M 的正定性，M 可表示为

$$M = \text{Blockdiag}(M_1, M_2, \cdots, M_q) \in \mathbf{R}^{3q \times 3q} \tag{9-25}$$

式中，M_i 可表示为

$$M_i = \begin{bmatrix} \mu_i f_{iz} & 0 & f_{ix} \\ 0 & \mu_i f_{iz} & f_{iy} \\ f_{ix} & f_{iy} & \mu_i f_{iz} \end{bmatrix} \tag{9-26}$$

矩阵 M_i 的特征值为

$$\lambda_{i1} = u_i f_{iz} \tag{9-27}$$

$$\lambda_{i2} = u_i f_{iz} - \sqrt{f_{ix}^2 + f_{iy}^2} \tag{9-28}$$

$$\lambda_{i3} = u_i f_{iz} + \sqrt{f_{ix}^2 + f_{iy}^2} \tag{9-29}$$

矩阵 M_i 正定等价于 M_i 所有特征值均大于 0。由式(9-27)和式(9-28)可知，$\lambda_{i1} > 0$，$\lambda_{i2} > 0$ 标志着第 i 点的接触力满足摩擦锥约束。

由于矩阵 M_i 具有对称性，M_i 的线性约束可以表述为

$$A_{1i} \text{vec}(M_i) = 0 \tag{9-30}$$

式中，vec 为矩阵向量化算子；$A_{1i} \in \mathbf{R}^{6 \times 9}$ 为矩阵 M_i 的线性约束常数矩阵：

$$A_{1i} = \begin{bmatrix} 1 & 0 & 0 & 0 & -1 & 0 & 0 & 0 & 0 \\ 1 & 0 & 0 & 0 & 0 & 0 & 0 & 0 & -1 \\ 0 & 0 & 1 & 0 & 0 & 0 & -1 & 0 & 0 \\ 0 & 0 & 0 & 0 & 0 & 1 & 0 & -1 & 0 \\ 0 & 1 & 0 & 0 & 0 & 0 & 0 & 0 & 0 \\ 0 & 0 & 0 & 1 & 0 & 0 & 0 & 0 & 0 \end{bmatrix} \tag{9-31}$$

对于 q 个接触点，对应的线性约束表示为

$$A_1 \, \text{vec}(M) = 0 \tag{9-32}$$

式中，$A_1 = \text{blockdiag}(A_{11}, A_{12}, \cdots, A_{1q}) \in \mathbf{R}^{6q \times (3q)^2}$。

同理，式(9-21)也可以写成式(9-32)的形式：

$$A_2 \, \text{vec}(M) = -w_{\text{ext}} \tag{9-33}$$

式中，$A_2 \in \mathbf{R}^{6 \times (3q)^2}$，取决于抓持矩阵 G。

将式(9-32)与式(9-33)合并，可得通用的仿射约束方程：

$$A \, \text{vec}(M) = S \tag{9-34}$$

式中，$A = \begin{bmatrix} A_1 \\ A_2 \end{bmatrix} \in \mathbf{R}^{(6q+6) \times (3q)^2}$；$S = \begin{bmatrix} 0 \\ -w_{\text{ext}} \end{bmatrix} \in \mathbf{R}^{6q+6}$。

假定 $M(q)$ 是正定实对称矩阵 $M \in \mathbf{R}^{3q \times 3q}$ 的集合，构造如下目标函数：

$$\Phi(M) = \text{tr}(W_{\text{p}}M + W_i M^{-1}) \tag{9-35}$$

式中，$\text{tr}()$ 表示求矩阵迹的运算符；$W_{\text{p}}, W_i \in \mathbf{R}^{3q \times 3q}$ 是两个加权矩阵。

目标函数的第一项 $\text{tr}(W_{\text{p}}M)$ 衡量接触点法向力的大小，在摩擦锥约束范围内，接触法向力应尽可能小；第二项 $\text{tr}(W_i M^{-1})$ 衡量抓持稳定裕度，即接触力与摩擦锥约束边界的距离。加权矩阵 W_{p}、W_i 的选择取决于期望的所有接触点法向力的大小；当 W_{p} 比 W_i 大时，接触力靠近摩擦锥边界；当 W_{p} 比 W_i 小时，应采用较大的接触力，同时接触力远离摩擦锥约束边界，从而增大了抓持的稳定性。

假定 $W_{\text{p}}, W_i \in \mathbf{R}^{3q \times 3q}$ 为正定矩阵，目标函数(9-35)的线性约束梯度流表示为

$$\text{vec}(\dot{M}) = -\text{grad}(\Phi(M)) = (I - A^+ A) \, \text{vec}(M^{-1} W_i M^{-1} - W_{\text{p}}) \tag{9-36}$$

式中，A^+ 为矩阵 A 的广义逆矩阵，$A^+ = A^{\text{T}}(AA^{\text{T}})^{-1}$；令 $Q = I - A^+ A$，Q 为切空间上的线性投影算子。式(9-36)能够快速收敛到唯一的平衡点。

为了在工控机中使用该方法实时优化接触力，采用欧拉积分法，对式(9-36)进行离散化处理，可以得到

$$\text{vec}(M_{k+1}) = \text{vec}(M_k) + \gamma_k(1 - A^+A)\text{vec}(M_k^{-1}W_iM_k^{-1} - W_p) \qquad (9-37)$$

式中，γ_k 为离散步距因子。引入 γ_k 确保算法收敛。

9.6　ZJUT 多指灵巧手抓持规划试验

9.6.1　试验系统设计

综上分析可得到通用的多指灵巧手抓持规划方案，具体流程如图 9-13 所示。ZJUT 灵巧手抓持规划试验系统如图 9-14 所示，所用元器件如表 7-4 所示。工控机作为控制系统的主机；空气压缩机输出的压缩空气经过减压阀及油雾分离器处理后，作为电-气比例阀的气源；工控机通过 ISA 系统总线上的数据采集卡进行 D/A 转换输出 22 路模拟量，调节相对应电-气比例阀的阀口气体压力，从而控制灵巧手各个关节的输出角度或输出力矩；ISA 系统总线上的 A/D 数据采集卡，用

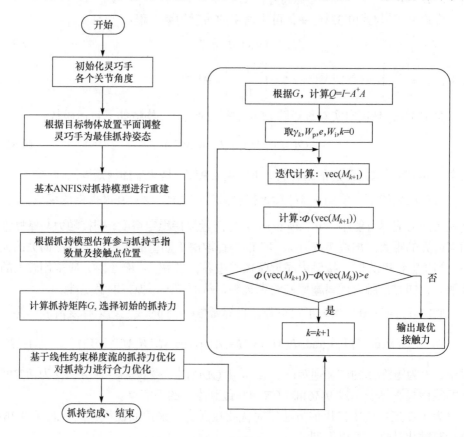

图 9-13　多指灵巧手抓持规划流程图

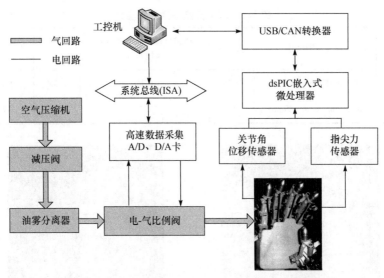

图 9-14　ZJUT 多指灵巧手抓持规划试验系统示意图

于检测关节各个 FPA 内腔实际气体压力，便于对 FPA 内腔气压实施闭环控制；关节角度通过非接触式的角位移传感器进行实时检测反馈，同时指尖与目标物体的实时接触力由指尖五维力传感器获得；灵巧手的所有传感信息经过 dsPIC 嵌入式微处理器，以 CAN 总线方式传输给工控机；上位机数据计算处理及图像显示程序，采用 MATLAB 与 Delphi 混合编写。

9.6.2　试验与分析

1. 基于 ANFIS 模型的抓持重构试验

试验中选用两种普通常见的目标物体 Ⅰ 、Ⅱ，其结构参数如表 9-1 所示。选取 ZJUT 多指灵巧手最佳的抓持姿态，分别对两种目标物体进行盲抓持，根据指尖力传感器的反馈信息，判断五指是否与目标物体接触，并保持所有手指与目标物体表面接触，如图 9-15(a)、(c)所示；当手指停止运动时，将手指位置信息采集反馈至上位机，经过计算可得指尖对应在拇指基坐标系 y_0z_0 平面的各投影距离，根据 9.3.3 节目标物体规则化等价定义判断两种目标物体是否可等价为矩形模型，若不为矩形模型，则基于 ANFIS 对目标物体进行模型重构，得到目标物体超椭圆方程参数 r_y、r_z、s，即构建目标物体的模型。

抓持模型重构试验结果表明，目标物体 Ⅰ 可以进行规则化等价为矩形模型，目标物体 Ⅱ 与指尖接触点在拇指基坐标系 y_0z_0 平面的投影近似圆形，重构参数如表 9-1 所示。对比目标物体的结构参数，可以看出基于 ANFIS 的抓持模型重构方法在一定程度上可以有效地构建目标物体的模型。

表 9-1　两种目标物体结构参数

目标物体编号	最大外围尺寸	重量/N	指尖与目标物体之间的摩擦系数	r_y	r_z	s
I	120mm×55mm×43.5mm	2.58	0.35	113.4	52.2	
II	83.5mm×76mm×60mm	2.2	0.3	40.6	36.7	0.95

(a) 目标物体 I 模型重构试验

(b) 目标物体 I 抓持试验

(c) 目标物体 II 模型重构试验

(d) 目标物体 II 抓持试验

图 9-15　ZJUT 多指灵巧手抓持模型重构规划和抓持试验

2. 抓持规划试验

　　根据上述抓持模型的重构结果，判断目标物体的形状及尺寸，从而合理估算多指灵巧手参与抓持的手指数量及接触点位置，再依靠手指良好的被动柔顺性，通过控制 ZJUT 多指灵巧手各个手指运动与目标物体接触并相互自适应达到力的平衡，进而实现对目标物体的稳定抓持，其试验结果如图 9-15(b)、(d)所示。对于目标物体 I，具有单边近似线性特点，同时根据其重构模型尺寸，灵巧手选择 3 个手指对其实施抓持；而对于目标物体 II，由于其近似圆形，灵巧手选择 4 个手指参与抓持。

3. 抓持力优化试验

ZJUT 多指灵巧手对物体实施稳定抓持后，通过关节位置及指尖力传感器的反馈信息，结合 8.4 节介绍的抓持力优化方法，对各个手指的抓持力进行优化。考虑到目标物体 II 形状不定，抓持矩阵较难计算，本节主要对目标物体 I 的抓持力进行优化，由于目标物体 I 可等价为矩形模型，抓持系统简化如图 9-16 所示，其中物体坐标系的原点 o_0 与目标物体 I 的质心重合，o_{c1}、o_{c2}、o_{c3} 分别是三个接触点坐标系原点，从而计算抓持矩阵为

$$G = \begin{bmatrix} 1 & 0 & 0 & 1 & 0 & 0 & 1 & 0 & 0 \\ 0 & 1 & 0 & 0 & -1 & 0 & 0 & -1 & 0 \\ 0 & 0 & 1 & 0 & 0 & -1 & 0 & 0 & -1 \\ 0 & \dfrac{L_g}{2} & 0 & 0 & \dfrac{L_g}{2} & m_1 & 0 & \dfrac{L_g}{2} & -m_2 \\ -\dfrac{L_g}{2} & 0 & 0 & \dfrac{L_g}{2} & 0 & 0 & \dfrac{L_g}{2} & 0 & 0 \\ 0 & 0 & 0 & m_1 & 0 & 0 & -m_2 & 0 & 0 \end{bmatrix} \tag{9-38}$$

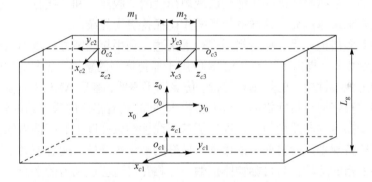

图 9-16　ZJUT 多指灵巧手抓持目标物体 I

试验过程中，$L_g = 55\mathrm{mm}$，$m_1 = 23.8\mathrm{mm}$，$m_2 = 16.3\mathrm{mm}$，对于目标物体 I，摩擦系数 $\mu = 0.35$，外力螺旋为 $w_{\mathrm{ext}} = [-2.58\ \ 0\ \ 0\ \ 0\ \ 0\ \ 0]^{\mathrm{T}}\mathrm{N}$。根据力和力矩约束条件，任意选取目标初始抓持力 $f_{r0} = [1.31\ 0\ 8\ 0.6\ 0\ 3.25\ 0.8\ 0\ 4.75]\mathrm{N}$；将目标初始抓持力进行坐标变换，采用 5.3 节提出的模糊自适应指尖力动态跟踪策略，控制各个手指实际输出初始抓持力 $f_0 = [1.34\ {-}0.21\ 8.1\ 0.72\ {-}0.14\ 3.06\ 0.91\ 0.09\ 4.86]\mathrm{N}$。取加权矩阵 $W_{\mathrm{p}} = I \in \mathbf{R}^{9\times9}$，$W_{\mathrm{i}} = 10^{-3} \times I \in \mathbf{R}^{9\times9}$，离散步距因子 $\gamma_k = 0.02$，根据式(9-37)，得到目标抓持力优化结果：$f_{\mathrm{r}} = [1.280\ 0\ 3.715\ 0.528\ 0\ 1.555\ 0.768\ 0\ 2.281]\mathrm{N}$。根据抓持力优化结果，经过力的坐标系变换，同时结合手指的静力学模型，控制各关节 FPA 内腔气压，经过指尖力传感器反馈，得到 ZJUT 多指灵巧手对目标物体 I 实现稳定抓持的实际输出力优化结果：$f = [1.31\ 0.12\ 4.01\ 0.59\ {-}0.05$

1.81 0.86 −0.20 2.53]N。由于指尖力传感器各个方向力的分量存在耦合关系，接触点坐标系 y 方向的力反馈显示并不为 0。

抓持力优化试验结果表明，采用基于线性约束梯度流的抓持力优化方法，ZJUT 多指灵巧手能够对部分形状规则的目标物体实现抓持力的优化。

9.7　本　章　小　结

多指灵巧手的抓持操作任务可以分为两种类型：一种是抓持目标点位置固定的夹持操作，如把销钉插入销孔，把物体从已知起始位置搬运到指定的目标位置，该类型的研究主要在于判断多指抓持时是否形成力封闭。近些年，学者利用抓持向量形成的空间多边形是否包围住原点来判定是否形成力封闭。另一种是抓持点位置变化的指态操作，如多指协调转动小球的运动。当前对该领域研究主要集中在夹持动作方面，试验发现夹持算法并不一定适用于指态性操作，由于指态性操作要求的手指不仅时刻保持物体的动态稳定，而且手指与物体的接触点是有规律轮换运动的，手指与物体的接触会出现规律性的"脱离"和"接触"，这种接触点的变化要求快速运算，这样就使得操作比抓持更为复杂。

本章对多指灵巧手的抓持规划进行了阐述。利用超椭圆方程重构出未知目标物体的数学模型，提出了一种 ANFIS 应用于抓持模型的重构，把未知物体单边线性及单边近似线性模型的规则化等价。仿真结果表明，基于 ANFIS 的抓持模型重构方法能够很好地对目标物体进行模型辨识，同时具有很好的辨识精度和收敛性。为了解算摩擦锥的非线性约束，提出了基于线性约束梯度流的抓持力优化方法，并给出了抓持规划试验验证：依靠手指良好的被动柔顺性，通过控制 ZJUT 多指灵巧手各手指的运动，与目标物体接触，并相互自适应达到力的平衡，实现对目标物体的稳定抓持。

第 10 章　气动软体机械臂

10.1　引　言

软体机械臂能够模仿细长型柔软生物体结构(如象鼻、章鱼触手、蛇类、蚯蚓等)，其仿生本体结构、柔性驱动和机体等本质特性使得该类机器人具有无限自由度、灵活的运动和操作能力，能够适应复杂多变的各类应用环境和任务[166,167]。30 多年以来，科研人员相继研制出多种典型的软体机械臂，其目标应用领域包括在轨操作[168]、外科手术[88,169,170]、内窥镜[171]、老年人辅助[172,173]、外骨骼[174]、捕获抓持[47,83,175-177]、高危极端环境检测[3,178]、侦察探测[34,179,180]等。可见，软体机械臂以其优异的适应能力，在医疗康复、助老助残、外骨骼、连续操作、复杂环境监测探测、空间在轨操作等众多方面具有广阔的应用前景。

本章主要介绍一种新型的长行程气动软体驱动器和基于该驱动器的气动软体机械臂的设计与开发。

10.2　长行程气动软体驱动器的结构设计及特性分析

目前，国内对于 PMA 的研究主要是基于 McKibben 型驱动器[2,3]，且大部分都是对收缩型的气动肌腱进行研究分析，很少有对伸长型的气动肌腱进行研制、建模。介绍 McKibben 型气动肌腱的资料中表明只要改变纤维绳对于轴向的夹角，并使其大于 54.7°，就能由充气收缩转变为充气伸长[181]。但是，商业化的编织网管其初始角度一般都为 20°～30°，只能用于制作收缩型的气动软体驱动器，而单独去研制大角度的编织网管又需要耗费大量的人力物力，且制作出的气动驱动器由于其编织网的编织角度限制无法实现大伸长率。针对这一问题，从编织网着手，利用波纹状编织套管结合超弹性硅胶管提出了一种低驱动气压大应变的长行程气动软体驱动器结构。

10.2.1　长行程气动软体驱动器的结构设计

长行程气动软体驱动器的结构如图 10-1 所示，主要由超弹性硅胶管和波纹编织套管所构成。硅胶管两端分别与前端盖及后端盖连接，前后端盖分别设计一个凸台，其直径略大于硅胶管内直径，使得两者配合方式为过盈配合，通过硅胶黏结剂进行固定，同时提供第一道气密性防护；前后端盖也设计了一个凹槽，用于后续的紧固件放置；后端盖的作用主要是密封，前端盖用于构建气路，留有通气孔，压缩气体通过此通道进出气囊内部，同时前端盖还设计有一中空的圆柱体，主要用于连接快插式气管接头。波纹编织套管直接套在硅胶管上，通过黏结剂把波纹编织套管和硅胶管连接在一起，同时提供第二道气密性防护。最后用蜗杆软管夹在前后端盖凹槽处进行锁紧，保证编织套管与硅胶管的连接可靠性，防止两者出现滑移，同时提供第三道气密性防护。长行程气动软体驱动器的零部件结构如图 10-2 所示。

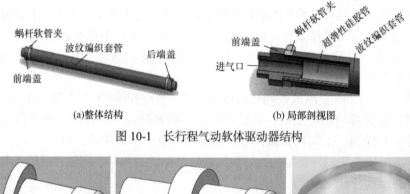

(a)整体结构　　　　　　　　　　(b) 局部剖视图

图 10-1　长行程气动软体驱动器结构

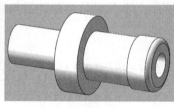

(a) 后端盖　　　　　(b) 前端盖　　　　　(c) 蜗杆软管夹

图 10-2　零部件结构图

10.2.2　长行程气动软体驱动器的工作原理

长行程气动软体驱动器的工作原理为：当高压气源经过气路通入超弹性硅胶管的内部时，气压作用于硅胶管内表面及密封盖端面，克服硅胶管的弹性力，使硅胶管受到径向力和轴向力；硅胶管外层覆盖有波纹编织套管，波纹结构的作用就是约束径向力，提供一定的轴向位移补偿，使得硅胶管因受到气压的径向作用力发生膨胀而被波纹编织套管所约束，迫使硅胶发生轴向伸长，然而其轴向位移的变化量又受编织套管的波纹结构形变量影响。

图 10-3(a)为未充气状态下驱动器的原理图。图 10-3(b)为充气过程中驱动器的伸长动作原理图，相对于图 10-3(a)波纹结构已经有所变化(即发生伸展)。图 10-3(c)为充气过程中驱动器的伸长极限状态动作原理图，此时的波纹结构与初始状态相比已经发生了很大的变化，近似拉伸成了直线，此状态就类似于 McKibben 型驱动

器的编织角度达到 54.7°时，无论再通入多大的高压气体，驱动器都不会发生任何变化而保持极限状态，直到编织套管承受不了气压而发生破坏。

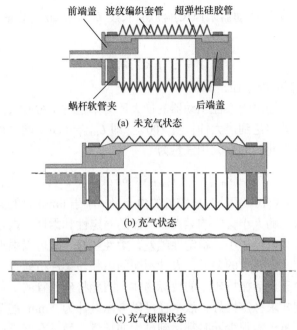

图 10-3　长行程气动软体驱动器工作原理图

总体而言，长行程气动软体驱动器的伸长量与波纹编织套管的波纹排列紧密相关。相同原始长度下，编织套管的波纹数越多(即编织套管的压缩量越大)，其充气最大伸长量越大。另外，硅胶管的材料对驱动器的轴向位移也有一定的影响，材料的弹性模量越大，气压作用力需要克服的弹性力也就越大，因而导致轴向位移减小。

10.3　长行程气动软体驱动器的制作

10.3.1　硅胶管的内径设计

空压机储气罐里储存的高压气体气压一般在 1.0MPa 以内。按 0.8MPa 使用压力下 0.86L 的气体相对于在同样环境内 0.1MPa 压力的气体体积进行体积设计。

气体克拉佩龙方程为

$$PV = nRT \tag{10-1}$$

式中，P 为气体压强，Pa；V 为气体体积，m^3；n 为物质的量，mol；R 为气体常数；T 为热力学温度，K。

　　可得 0.86L 的高压气体在 0.1MPa 时的体积为

$$V_{0.1}=8\times V_{0.86}=6.88L \tag{10-2}$$

正常工作状态下(柔性驱动器未伸长)硅胶管长度 L 为 33cm，数量为 15 根，故其用气量应为

$$V=\pi r^2 L \leqslant 3.44/15 \tag{10-3}$$

式中，r 为硅胶管的内半径，mm。

　　设定气动平台输出给柔性驱动器的最大压力不超过 0.6MPa，假设在 0.6MPa 的气压下柔性驱动器达到最大伸长量 100%，即 L_{max}=66cm，同时也假设其内半径保持不变，则可得此时的最大用气量为

$$V_{max}=\pi r^2 L_{max} \leqslant 6.88/(15\times 6) \tag{10-4}$$

　　由式(10-3)和式(10-4)可知，硅胶管的内半径 r 小于 6mm 就能满足用气量的要求。但硅胶管内径的大小会影响柔性驱动器的稳定性和柔性，内径越大，稳定性越好，柔性越差；内径越小，稳定性越差，柔性越好，故可以根据柔性机械臂不同段对稳定性和柔性要求的差异，设计不同的内径。柔性机械臂的前端对柔性的要求较高，以便于灵活抓持较小的目标物体，因此将硅胶管的半径设计为 3mm，末端的气动肌腱要求稳定性好，故半径可以考虑设计为 5mm 甚至更大。实际在使用中每个柔性驱动器很少同时都达到最大伸长量，而且在伸长过程中硅胶管的内径是随着伸长量增大而减小的。

10.3.2　硅胶管的壁厚设计

　　根据柔性驱动器的技术指标，其工作压力为 0~0.6MPa。为了保证硅胶管在最大气压 0.6MPa 下能正常工作，当硅胶管内部充入 0.6MPa 的高压气体时，其拉伸应力不应超过材料的拉伸强度，否则硅胶管会发生断裂破坏。故在充气平衡状态下，采用截面法(硅胶管截面如图 10-4 所示)对硅胶管进行应力分析：

$$\sigma S_A = P S_B \tag{10-5}$$

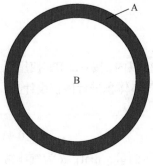

式中，σ 为硅胶材料的拉伸强度，Pa；S_A 为 A 部分的面积，m^2；S_B 为 B 部分的面积，m^2；P 为硅胶管内的相对气压，Pa。

　　为了实现驱动器的低气压驱动，需要选择超弹性材料，即弹性模量比较小的材料，一般的橡胶材料无法满足要求。美国 Smooth-On 公司生产的铂金催化橡胶具有较好的力学性能，特别是其硅胶的弹性模量

图 10-4　硅胶管截面图

较小，故选用其 Ecoflex 0030 系列硅胶来制作超弹性硅胶。由于后续的驱动器性能研究亦需要用到硅胶的力学性能数据，对该硅胶样品做拉伸试验以测量其弹性模量。测量仪器采用的是 INSTRON 5900 系列的双立柱式，拉伸样品采用标准的模具制作，测得其力学性能数据如表 10-1 所示，应力应变曲线如图 10-5 所示。故硅胶管的拉伸强度 σ 近似取为 0.5MPa，弹性模量 E 近似取为 0.074MPa。

表 10-1　Ecoflex 0030 硅胶的力学性能数据

序号	弹性模量/MPa	断裂伸长率/%
Ecoflex-1	0.07158	1368.99462
Ecoflex-2	0.08079	1385.54087
Ecoflex-3	0.06881	1582.57341
平均值	0.07373	1445.70297

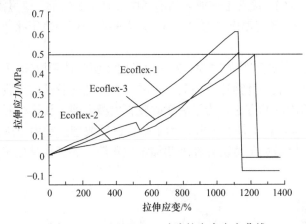

图 10-5　Ecoflex 0030 硅胶的应力应变曲线

A 部分的面积为

$$S_A = \pi(r+t)^2 - \pi r^2 \tag{10-6}$$

式中，t 为硅胶管壁厚，mm。

B 部分的面积为

$$S_B = \pi r^2 \tag{10-7}$$

B 部分的半径 r 近似为硅胶管的内半径，根据 10.3.1 节的硅胶管内半径设计，r 取为 3mm。结合式(10-5)～式(10-7)，可以得到当 r=3mm 时，t=1.45mm。上述计算得到的 t 为满足拉伸强度的临界值，为了保证强度具有一定的裕度，壁厚 t 应适当增大。同时，为了使柔性驱动器有一定的自保持性，也应该适当地增加壁厚。所以，设计硅胶管壁厚 t 为 2mm。

10.3.3　硅胶管的制作

　　长行程气动软体驱动器的制作首要考虑的是硅胶材料的选择问题、硅胶管的制作工艺问题和气密性问题。硅胶管的弹性大小直接影响了长行程气动软体驱动器的运动，弹性模量较小，柔性驱动器可以以较小气压获得较大的行程，所以要求制作硅胶管的材料具有超弹性(材料的弹性模量低)，并且具有较好的力学性能；同时制作过程中要尽可能防止气泡的产生，一旦硅胶管出现气泡，就会使局部壁厚变薄，进而在拉伸过程中会严重影响硅胶管的力学性能，很有可能在较小的拉伸应力下就出现断裂等破坏性现象。

　　硅胶管的制作步骤说明如下：

　　(1) Ecoflex 0030 有两种组分的胶，两者以 1∶1 的质量混合，为保证混合比例，在倒入搅拌杯时，通过电子天平控制 A 胶和 B 胶的量，而后用玻璃棒搅拌硅胶液，使其混合均匀，接着迅速放入消泡桶中抽真空去气泡。这里需要注意的是，如果室内温度过高(环境温度超过 30℃)，则需要在量杯旁边用冰块冷却，防止硅胶快速凝固。

　　(2) 为方便后续硅胶管的脱模，先在模具内表面涂抹脱模剂(凡士林)，然后把消除气泡后的硅胶液用针筒注入模具。为减少在加注硅胶液的过程中产生气泡，采用从底部开始加注的方法；为了后续硅胶管出模方便，设计模具时采用叠加的形式(图 10-6)，逐层往上加注硅胶；为了防止硅胶成型过程中出现厚度不均匀现象，在模具最上层增加定位套并在外侧加定位套筒，保证模具处于中心位置。

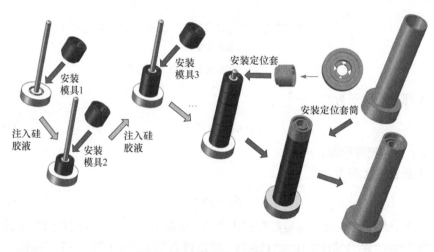

图 10-6　硅胶液注入过程示意图

　　(3) 把注好硅胶液的模具放入消泡桶中再次抽真空去除气泡，经过两次抽真空的操作，制作出来的硅胶管气泡明显减少，如图 10-7 所示。

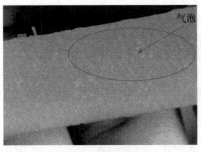

(a) 未抽真空　　　　　　　　　　　　(b) 抽真空处理

图 10-7　硅胶管气泡去除

(4) 把去除气泡的模具放入烘箱，烘箱温度设置在 50℃左右并进行保温，放置的时间为 1h。

(5) 出模取出硅胶管，得到如图 10-8 所示的硅胶管，其中在起模的过程中需要先左右旋转模具套，使硅胶管部分外壁脱离模具内表面，防止由吸附力而造成硅胶管的破裂。

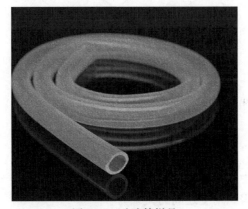

图 10-8　硅胶管样品

10.3.4　管外新型波纹编织套管的结构

传统的气动软体驱动器使用的是双螺旋编织网结构，驱动器的伸长量取决于双螺旋编织网的编织角度，当编织角度为 75° 时，驱动器能达到 75%的极限伸长率。本书所设计的驱动器使用的新型波纹编织网结构与传统编织网完全不同，为波纹结构，如图 10-9(a)所示。当波纹结构压紧时，每层波纹结构厚度为 2mm，内部层叠部分 3mm，内径 10mm，压紧后外径 18mm。向驱动器内充入气压，如图 10-9(b)所示，当波纹编织网受到硅胶管的径向膨胀力时，波纹结构打开。继续向硅胶管内充入气压，硅胶管对编织网的径向力不断增加，波纹结构也随之逐渐被撑开，直到波纹结构完全拉直，如图 10-9(c)所示，此时再向硅胶管内加压，驱动器将不再产生伸长运动，但是它的刚度在不断增加。

图 10-9　新型波纹编织网实物图

　　波纹编织网是由 48 条宽度为 1mm 的编织线，按照一定的编织方式编织而成，以每四条编织线为一组进行编织。图 10-10 给出了单编织网的编织原理，"1"表示重叠部分在上面，"0"表示重叠部分在下面，β 是编织角。线段 AC 是一组编织线的横向宽度，线段 BD 是一组编织线围成的高度，波纹编织网之所以能形成波纹结构，是因为它每一层的编织角度都不同，并且每层的编织角度随宽度而变化。

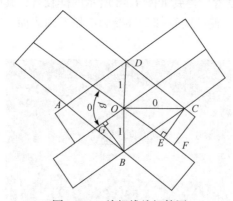

图 10-10　编织线编织简图

　　编织线的支叉中心点到其边沿支叉点的线段标记为线段 0 和线段 1，从几何关系看纵向距离与编织角度之间的关系为

$$\sin\frac{\beta}{2}=\frac{2}{AC} \tag{10-8}$$

　　由于编织角 β 小于 90°，所以由式(10-8)可得，编织网的编织角与径向直径成反比。

　　过 B 点做 OG 的垂直线。由几何关系知 $\triangle BGO$ 类似于 $\triangle CEO$。根据相似三角定理，线段 BD 和 AC 之间的关系为

$$BD=\frac{AC}{2\sqrt{AC^2-2}} \tag{10-9}$$

　　由式(10-9)可知径向长度与纵向长度成反比，当向硅胶管内充入气压时，编织网受到硅胶管的膨胀力，径向长度增加，同时纵向长度降低，实现波纹结构撑开的运动。

10.3.5　长行程气动软体驱动器组装

长行程气动软体驱动器组装步骤如下：

(1) 把波纹编织套管套在制备好的硅胶管上，需要保证编织套管完全覆住硅胶管的两端。为使长行程气动软体驱动器的轴向位移量增大，可以压缩编织套管，使其波纹排列更加紧密；反之可以拉伸编织套管，使其波纹排列更加稀疏。

(2) 前后端盖涂抹硅胶专用黏结剂，然后与硅胶管的内孔相连，两者为过盈配合。

(3) 在硅胶管端部附近涂抹密封硅胶，放入烘箱，烘的时间为 10～20min。

(4) 在端盖连接处用不锈钢卡箍或塑料扎带紧固编织套管与硅胶管，此处需注意紧固件不能直接与硅胶管接触，以免对管壁造成破坏。

(5) 后端盖的圆柱体直接插入对应孔径的快速气管接头，为防止漏气，需要保证圆柱体完全插入气管接头。

完成长行程气动软体驱动器的装配，如图 10-11 所示。长行程气动软体驱动器在充气状态下的伸长状态如图 10-12 所示。

图 10-11　长行程气动软体驱动器样机

图 10-12　长行程气动软体驱动器在充气状态下的伸长状态

10.4　长行程气动软体驱动器的静态数学模型及仿真

把与硅胶管接触的波纹编织套管内表面简化为内半径为 R、长度为 L_b 的光滑圆柱面，R_0 为波纹编织套管压缩到极限状态时的内半径，R_1 为波纹编织套管拉伸到极限状态时的内半径，L_{b0}、L_{b1} 为参数标定用波纹编织套管的最小长度和最大长度，如图 10-13 所示。

假设波纹编织套管内半径的变化与其轴向长度呈线性关系，则根据假设可以得到单个波纹单位长度与波纹编织套管内半径的变化关系：

$$R_s = \frac{n_0 (R_1 - R_0)}{L_{b1} - L_{b0}} \tag{10-10}$$

式中，R_s 为单位长度内波纹编织套管内半径的变化量，mm；n_0 为参数标定用波纹编织套管的有效波数。

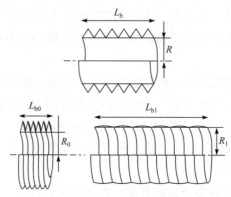

图 10-13 波纹编织套管简图

由此可得任意长度和有效波数的波纹编织套管初始状态时的内半径为

$$R_{r0} = R_0 + \left(\frac{L_{r0}}{n_r} - \frac{L_{b0}}{n_0} \right) R_s \tag{10-11}$$

式中，R_{r0} 为驱动器波纹编织套管初始状态时的内半径，mm；L_{r0} 为驱动器波纹编织套管初始状态时的长度，mm；n_r 为驱动器波纹编织套管的有效波数。

因此在充气过程中，波纹编织套管内半径与轴向长度的线性关系为

$$R = R_{r0} + \left(\frac{L_r - L_{r0}}{n_r} \right) R_s = \frac{n_0 (R_1 - R_0)}{L_{b1} - L_{b0}} \left(\frac{L_r}{n_r} - \frac{L_{b0}}{n_0} \right) + R_0 \tag{10-12}$$

式中，R 为驱动器波纹编织套管拉伸状态时的内半径，mm；L_r 为驱动器波纹编织套管拉伸状态时的长度，mm。

同一款波纹编织套管，无论有效波数和长度如何变化，其达到极限拉伸状态的最大内半径是保持不变的，改变的是未充气时波纹编织套管的初始内半径。由式 (10-10)可知，在波纹编织套管长度相同的情况，波数越多，其初始单波长度越小，达到极限状态时所需的伸长量越大，这也就是波纹编织套管压缩得越紧密，其所构成的驱动器所能产生的伸长量越大的原因；反之，波数越少，伸长量就越小，所以可以通过波纹编织套管的径向约束力 F_2 调节波数来实现对驱动器伸长量的控制。

对硅胶管的轴向受力情况进行分析，由图 10-14 可知：

$$F = PS - F_{st} - F_1 \pm F_f \tag{10-13}$$

式中，F 为驱动器输出力，N；F_f 为硅胶管与波纹编织套管之间的摩擦力，N；F_l 为波纹编织套管的轴向约束力，N；F_{st} 为硅胶管的轴向弹性力，N；P 为硅胶管内气体压力，Pa；S 为气压作用面积，mm^2。

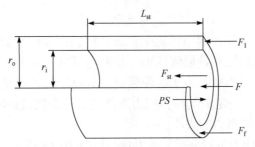

图 10-14　硅胶管轴向受力图

当驱动器充气伸长时 F_f 方向与硅胶管轴向弹性力方向 F_{st} 一致，当驱动器排气收缩时 F_f 方向与硅胶管轴向弹性力 F_{st} 方向相反。

假设硅胶管弹性力呈线性变化即符合广义胡克定律，则硅胶管轴向弹性力为

$$F_{st} = \sigma S_r \tag{10-14}$$

式中，σ 为硅胶管应力，MPa；S_r 为硅胶管横截面积，m^2。

硅胶管应力为

$$\sigma = \varepsilon E \tag{10-15}$$

式中，ε 为硅胶管应变，%；E 为硅胶管弹性模量，MPa。

硅胶管应变为

$$\varepsilon = \frac{\Delta L}{L_{st0}} = \frac{L_{st} - L_{st0}}{L_{st0}} \tag{10-16}$$

式中，L_{st0} 为硅胶管原始长度，mm；L_{st} 为硅胶管拉伸后的长度，mm。

硅胶管截面面积为

$$S_r = \pi \left(r_o^2 - r_i^2 \right) \tag{10-17}$$

式中，r_o 为硅胶管拉伸后的外半径，mm；r_i 为硅胶管拉伸后的内半径，mm。

在硅胶体积为恒定的情况下，满足

$$L_{st0}\pi \left(r_{o0}^2 - r_{i0}^2 \right) = L_a\pi \left(r_o^2 - r_i^2 \right) \tag{10-18}$$

式中，r_{o0} 为硅胶管的原始外半径，mm；r_{i0} 为硅胶管的原始内半径，mm。

联立式(10-14)~式(10-18)可得

$$F_{st} = E\pi\left(r_{o0}^2 - r_{i0}^2\right)\frac{L_{st0}}{L_{st}}\frac{L_{st} - L_{st0}}{L_{st0}} = E\pi\left(r_{o0}^2 - r_{i0}^2\right)\frac{L_{st} - L_{st0}}{L_{st}} \tag{10-19}$$

气压作用面积为

$$S = \pi r_o^2 \tag{10-20}$$

当硅胶管随着充气量的增加发生膨胀，挤压到波纹编织套管时，波纹编织套管径向变形达到极限对硅胶管约束，使两者紧贴在一起，此时硅胶管的外径等于波纹编织套管的内径。为了方便装配，硅胶管的外径是小于波纹编织套管的内径的，因此需要一定的气压作用力来使硅胶管膨胀接触波纹编织套管内壁。下面来计算该气压作用力的大小。

对硅胶管的径向力进行分析，受力状态如图 10-15 所示，P 为硅胶管内气体的绝对压力，P_0 为大气的压力，可得

$$2r_i L_{st} P = 2F_{su} + F_2 \tag{10-21}$$

式中，F_{su} 为硅胶管的径向弹性力，N；F_2 为波纹编织套管的径向约束力，N。

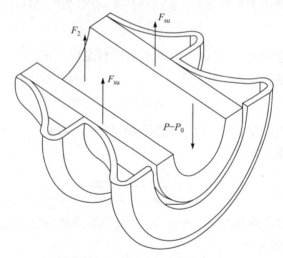

图 10-15　硅胶管径向受力状态

当硅胶管外壁没有接触波纹编织套管内壁时，F_2 为 0N，此时气压力与硅胶管径向弹性力 F_{su} 的关系为

$$P = \frac{F_{su}}{r_i L_{xt}} \tag{10-22}$$

式中，L_{xt} 为硅胶管轴向伸长长度；

$$F_{su} = E t_r L_{at} \frac{r_o - r_{o0}}{r_{o0}} \tag{10-23}$$

那么，气压可以表示为

$$P = \frac{F_{\text{su}}}{r_i L_{\text{st}}} = \frac{E t_r (r_0 - r_{o0})}{r_i r_{o0}} \tag{10-24}$$

根据式(10-24)和式(10-18)可知一个长度为 L、内半径为 3mm、壁厚为 2mm，且材质为 Ecoflex 0030(弹性模量为 0.074MPa)的硅胶管，径向发生 1mm 变形所需的气压约为 0.005MPa，由于该气压较小，故假设硅胶管在初始状态就是紧贴波纹编织套管的，即 r_o 用式(10-12)来表示：

$$r_o = R = \frac{n_0 (R_1 - R_0)}{L_{b1} - L_{b0}} \left(\frac{L_r}{n_r} - \frac{L_{b0}}{n_0} \right) + R_0 \tag{10-25}$$

将式(10-25)代入式(10-20)，可以计算出硅胶管的气压作用面积为

$$S = \pi \left[\frac{n_0 (R_1 - R_0)}{L_{b1} - L_{b0}} \left(\frac{L_r}{n_0} - \frac{L_{b0}}{n_0} \right) + R_0 \right]^2 \tag{10-26}$$

由于波纹编织套管和硅胶管通过黏结剂及紧固件连接在一起，故长行程气动软体驱动器的长度 L 等于波纹编织套管拉伸状态时的长度和硅胶管拉伸状态时的长度($L = L_r = L_{\text{st}}$)，从式(10-26)可知，S 是 L 的函数。

充气时，有

$$F' = F_1 + F_f \tag{10-27}$$

假设 F' 的大小与波纹编织套管单波波长变化呈线性关系，即令充气时

$$F' = a_1 \delta^3 + b_1 \delta^2 + c_1 \delta \tag{10-28}$$

式中，δ 为波纹编织套管单波长度($\delta = L_r / n_r$)，mm；F' 为波纹编织套管对硅胶管的轴向约束力，N。

长行程气动软体驱动器充气时的输出力可以通过式(10-13)变换后表示为

$$F(P,L) = PS(L) - F_{\text{st}}(L) - F'(L / n_r) \tag{10-29}$$

联立式(10-19)、式(10-25)、式(10-26)及式(10-29)可得

$$F(P,L) = P\pi \left[\frac{n_0 (R_1 - R_0)}{L_{b1} - L_{b0}} \left(\frac{L_r}{n_r} - \frac{L_{b0}}{n_0} \right) + R_0 \right]^2 - E\pi (r_{o0}^2 - r_{i0}^2) \frac{L - L_0}{L} - F' \tag{10-30}$$

由式(10-30)可知，要想建立 F、P 和 L 三者之间的关系，关键就是获得 F' 的函数表达式。接下来对长行程气动软体驱动器进行相应的参数标定，进而获得 F' 的函数表达式。

首先测量原始状态和充气伸长接近极限状态时的数据，测量结果见表 10-2，而

后依据这些参数去求解相应的变量。气动软体驱动器的参数标定过程见图 10-16。

表 10-2　长行程气动软体驱动器参数测量结果

参数名称	R_0	L_{b0}	n_0	R_1	L_{b1}	r_{o0}	r_{i0}
数值/mm	6.5	85	27	6.75	260	5	3

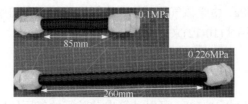

图 10-16　长行程气动软体驱动器参数标定

根据式(10-10)可知

$$R_s = \frac{27}{700} \approx 0.04 \text{mm} \tag{10-31}$$

根据式(10-11)可知

$$R_{r0} = 6.5 + \frac{1}{25}\left(\frac{L_{r0}}{n_r} - \frac{85}{27}\right) \tag{10-32}$$

根据式(10-12)可知

$$R = 6.5 + \frac{1}{25}\left(\frac{L_r}{n_r} - \frac{85}{27}\right) \tag{10-33}$$

根据式(10-22)可知

$$S = 3.14\left[6.5 + \frac{1}{25}\left(\frac{L_r}{n_r} - \frac{85}{27}\right)\right]^2 \tag{10-34}$$

用同一长行程气动软体驱动器进行几组无负载特性充气试验,记录相关结果,计算相应的因变量,并结合式(10-28)计算对应 F' 的值,各试验数据如表 10-3 所示。

表 10-3　长行程气动软体驱动器参数标定试验数据

比例阀电压/V	目标气压/MPa	驱动器长度/mm	伸长率/%	波长/mm	F'/N
0	0.100	85	0	3.15	0
0.2	0.118	125	0.47	4.63	1.2477
0.4	0.136	170	1.00	6.30	3.1128
0.6	0.154	200	1.35	7.41	5.4169

续表

比例阀电压/V	目标气压/MPa	驱动器长度/mm	伸长率/%	波长/mm	F'/N
0.8	0.172	230	1.70	8.52	7.8611
1.0	0.190	245	1.88	9.07	10.4102
1.2	0.208	255	2.00	9.44	12.9930
1.4	0.226	260	2.059	9.63	15.5855
1.6	0.244	262	2.082	9.70	18.1766

依据表 10-3 中的数据，运用 MATLAB 中的 Curve Fitting 工具对 F' 的方程曲线进行拟合，得到的方程为

$$F'\left(\frac{L}{n_{\mathrm{r}}}\right) = 0.08\left(\frac{L}{n_{\mathrm{r}}}\right)^3 - \left(\frac{L}{n_{\mathrm{r}}}\right)^2 + 4.67\left(\frac{L}{n_{\mathrm{r}}}\right) - 6.91 \tag{10-35}$$

为了与后续的试验结果进行对比，以试验样机的参数进行曲线仿真，其中长行程气动软体驱动器的长度为 62mm，波纹编织套管的波数为 19。基于上述静态模型对该长行程气动软体驱动器的恒载荷特性(施加恒定的载荷，分析驱动器内部气压与长度的关系)、恒长特性(给出恒定的驱动器长度，分析驱动器内部气压与输出力的大小)及恒压特性(保持驱动器内腔恒定的气压，分析驱动器长度与输出力的大小)进行仿真分析，仿真结果如图 10-17 所示。

由图 10-17(a)可知，当长行程气动软体驱动器的输出力恒定时，其所能到达的长度随着载荷的增加而减小，并且驱动气压要求越来越大，同时其长度的增长量随着压力的增大而逐渐减缓，这是因为随着驱动器的长度变大，波纹编织套管的波纹逐渐变成直线，这表现为波纹编织套管对驱动器的轴向约束力 F' 越来越大，直至波纹编织套管的波纹完全被拉伸成直线，这时驱动器的长度将保持在该状态而不再发生变化。

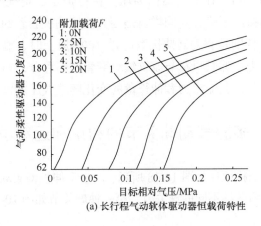

(a) 长行程气动软体驱动器恒载荷特性

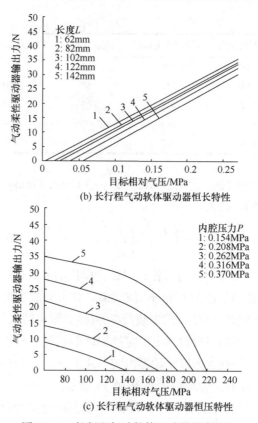

图 10-17　长行程气动软体驱动器静态特性

由图 10-17(b)可知，当驱动器的长度恒定时，其输出力随着气压增大而增大，同时随着长度的增加，输出力有所下降，这是因为波纹编织套管的轴向约束力随着长度增加而增大，压力作用力需要克服这部分阻力。

由图 10-17(c)可知，在驱动器内腔压力保持恒定的情况下，随着驱动器长度的增长，输出力持续下降，这同样也是因为波纹编织套管的轴向约束力随着长度增长不断增大，特别是驱动器伸长率达到 100%以上时，输出力急剧下降。总之，驱动器的输出力、伸长量都与波纹编织套管密不可分，初始的波长越接近拉伸极限状态时的波长，其输出力和伸长量的变化随着气压的增长将不再明显。

10.5　多腔气动球关节的约束和运动学模型

气动球关节的结构原理如图 10-18 所示，由新型伸长型驱动器和不同的上下端盖组成。本节将介绍两种不同的球关节。第一种球关节如图 10-18(a)所示，由三个驱动器和上下端盖组成。三个驱动器按边长为 18mm 的等边三角形均匀分布，驱动器间由编织线两两连接在一起，由上下端盖通过强力胶进行密封固定，防止在充气过程中产生漏气现象。上端盖上分布三个进气孔，每个气孔单独通气，且单独控制，故有三个可单独控制的控制气腔。第二种球关节如图 10-18(b)所示，由六个驱动器和上下端盖组成。六个驱动器按边长为 18mm 的等边六边形均匀分布，驱动器间由编织线两两连接在一起，由上下端盖通过强力胶进行密封固定，防止在充气过程中产生漏气现象。上端盖上分布六个进气孔，相邻的两个驱动器为一组，组成一组控制气腔，因此，有三个可单独控制的气腔。当向软体驱动关节某一个控制气腔内通入气压后，未充气的气腔内不发生变形，充气气腔内发生轴向伸长。由于驱动器之间有编织线和上下端盖的限制，整个球关节发生弯曲形变运动。球关节的弯曲角度随着气腔内气压的增大而增大。当释放出关节充气腔道内的压缩气体时，由于硅胶管件的弹性作用，球关节又可恢复到初始状态。

(a) 三驱动器关节　　　　　　　　　(b) 六驱动器关节

图 10-18　气动球关节结构原理图

10.5.1　气动球关节约束原理

由气动球关节的结构原理可知，若不对两两驱动器之间进行约束，则会出现如图 10-19(a)所示状态；向关节内某一个气腔内通入气压后，将会出现如图 10-19(b)

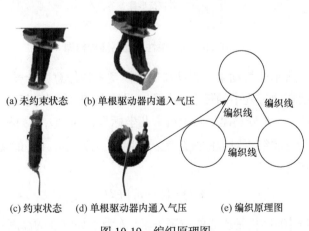

(a) 未约束状态　(b) 单根驱动器内通入气压　　　　　　(c) 约束状态　(d) 单根驱动器内通入气压　　(e) 编织原理图

图 10-19　编织原理图

所示状态，球关节不能实现整体的弯曲运动，出现这种运动状态的原因在于新型驱动器的柔性过大。如图 10-19(c)所示，在每节编织网的褶皱部分用编织线将其连接在一起，三个新型驱动器由编织线两两连接在一起。向其中某一个驱动器内充入气压后，将发生如图 10-19(e)所示的共同同向弯曲运动。

10.5.2　气动球关节运动学模型

气动球关节弯曲运动与刚性机器人不同，刚性机器人的弯曲运动是由刚性关节带动连杆来实现的[182]；而气动球关节，由于其自身具有柔性的特点，在做弯曲运动时整体会发生弯曲形变[63]。对于任意一个气动柔性驱动模块，可以将它等效为如图 10-20 所示的通用模型，由一个动力面和一个限制面组成。其中，动力面为任意柔性驱动模块的通气动力气腔，限制面为任意柔性驱动模块的限制部分。当动力面提供轴向伸长运动动力时，将带动限制面一起运动，限制面对动力面产生限制作用，使得整体发生弯曲运动。当向柔性驱动模块的三个充气气腔中某一个气腔内充入气压后，该腔道即可设定为该驱动器的动力面，其他部分皆可定义为该驱动器的限制面。当动力面获得驱动力后，将发生伸长形变，由于限制面的轴向限制作用，整个柔性驱动模块发生如图 10-21 所示的大弯曲形变。

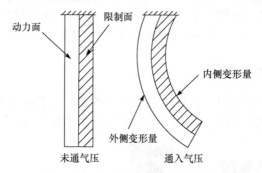

图 10-20　气动柔性驱动器通用模型

取图 10-21 所示的气动柔性驱动器通用模型中的任意微分段，如图 10-22 所示，为简化模型弯曲过程中的任意微分段。设底圆 O_A 为固定基座、顶圆 O_B 为移动端，并以圆心 A、B 分别建立两个笛卡儿坐标系，即 $A(x, y, z)$ 和 $B(u, v, w)$。弯曲圆柱中的每条弯曲线用对应的 A_iB_i 表示。用 $d(s)$ 来表示 $\overrightarrow{A_iB_i}$ 的切向量场，可以通过以下方式获得[183]：

$$d(s) = (b_i - a_i) + H \tag{10-36}$$

式中，$H = \overrightarrow{AB} = [0\ 0\ h]^{\mathrm{T}}$ 是质心的位置矢量，h 为中央支柱的高度；b_i 是 $\overrightarrow{BB_i}$ 的位

置向量，a_i 是 $\overrightarrow{AA_i}$ 的位置向量。将 $d(s)$ 向量单位化为 $a(s)$：

$$a(s) = \frac{d(s)}{|d(s)|} = \frac{(b_i - a_i) + H}{|(b_i - a_i) + H|} \tag{10-37}$$

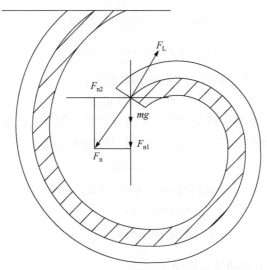

图 10-21　气动柔性驱动器通用模型大弯曲状态简图

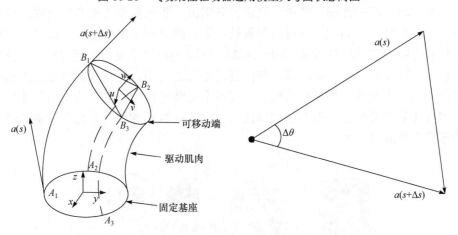

图 10-22　弯曲微分段结构简图

对应的弯曲曲线曲率 k 用来描述曲线方程在 s 处的曲率，可用 $|\dot{a}(s)|$ 来衡量：

$$k = \lim_{\Delta s \to 0} \left| \frac{\Delta \theta}{\Delta s} \right| = |\dot{a}(s)| = \left| \frac{(b_i - a_i) + H}{|(b_i - a_i) + H|} \right| \tag{10-38}$$

式中，$\Delta \theta$ 为单位切向量 $a(s + \Delta s)$ 平移到动原点 A_i 与 $a(s)$ 所形成的角；向量 $\dot{a}(s)$ 有

完全确定的方向向量，将这个方向向量记为 $\beta(s)$ 并作为主法向量。这样可以用 $\dot{a}(s)$ 表示为

$$\beta(s) = \frac{1}{k}\dot{a}(s) \tag{10-39}$$

由曲线的切向量场 $a(s)$ 和主法向量 $\beta(s)$ 可确定曲线的第二法向量场：

$$\gamma(s) = a(s) \times \beta(s) = \frac{1}{k}(a(s) \times \dot{a}(s)) \tag{10-40}$$

曲线的挠率 τ 反映了曲线切平面的转动快慢：

$$\tau(s) = -\dot{\gamma}(s)\beta(s) \tag{10-41}$$

用弧长参数 s 来表示球关节的运动轨迹方程，则对于弧长参数定义的运动轨迹方程为 $\gamma(s)$，可由弗莱纳公式描述空间曲线曲率和挠率的变化规律[184]：

$$\begin{cases} \dot{a}(s) = K(s)\beta(s) \\ \dot{\beta}(s) = -K(s)a(s) + \tau(s)\gamma(s) \\ \dot{\gamma}(s) = -\tau(s)\beta(s) \end{cases} \tag{10-42}$$

即可由弗莱纳公式描述球关节的运动学模型。

10.5.3　气动球关节模块运动建模

本节将介绍两种球关节驱动模块，分别由三驱动器和六驱动器组成，且都有三个控制气腔。因此，在分析两种软体驱动模块运动模型时，可以将六驱动器结构等效为三驱动器结构。如图 10-23 所示，当向三个控制气腔内某一个控制气腔充入气压时，柔性驱动模块整体将发生弯曲运动，且充气驱动器发生膨胀弯曲形变，未充气管件被拉直拉扁。在整个运动过程中，通入的压缩气体需要克服硅胶管自身膨胀形变产生的弹性力，以及克服另外两个未充气驱动器的拉伸形变产生的弹性力。

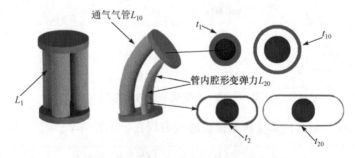

通气气管 L_{10}　t_1　t_{10}

管内腔形变弹力 L_{20}

L_1　t_2　t_{20}

图 10-23　柔性驱动模块气动弯曲原理简图

柔性驱动模块的某个控制气腔内通入气压后，硅胶材料应变能密度变化为

$$W_1 = C_{10}(I_{10} - 3) + C_{20}(I_{10} - 3)^2 \tag{10-43}$$

式中，W_1 为充气驱动器硅胶材料弹性应变能密度；I_{10} 为由三个方向的拉伸比 λ_{10}、λ_{20}、λ_{30} 确定：

$$I_{10} = \lambda_{10}^2 + \lambda_{20}^2 + \lambda_{30}^2 \tag{10-44}$$

下面给出了驱动气管的长度、壁厚、半径变化的描述：

$$\begin{cases} \lambda_{10} = \dfrac{L_{10}}{L_1} \\[2mm] \lambda_{20} = \dfrac{t_{10}}{t_1} \\[2mm] \lambda_{30} = \dfrac{r_{10}}{r_1} \end{cases} \tag{10-45}$$

式中，t_1 为未充气时硅胶管原始壁厚；t_{10} 为充气后硅胶管壁厚；L_1 为初始驱动器长度；L_{10} 为充气管件弯曲长度；r_1 为初始驱动器半径；r_{10} 为充气驱动器半径。

将式(10-45)代入式(10-44)，可得

$$I_{10} = \left(\frac{L_{10}}{L_1}\right)^2 + \left(\frac{t_{10}}{t_1}\right)^2 + \left(\frac{r_{10}}{r_1}\right)^2 \tag{10-46}$$

未充气硅胶管件弹性形变能密度 W_2 与 W_1 不同的地方为其三个方向的拉伸比，由图 10-24 可知未充气硅胶管件弹性形变能密度 W_2 的三个拉伸比可由以下公式获得：

$$\begin{cases} \lambda_{11} = \dfrac{L_{20}}{L_2} \\[2mm] \lambda_{22} = \dfrac{t_{20}}{t_2} \\[2mm] \lambda_{33} = \dfrac{r_{20}}{r_2} \end{cases} \tag{10-47}$$

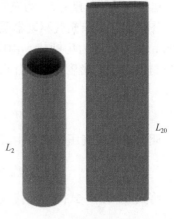

图 10-24　未充气驱动器受力拉伸状态图

式中，λ_{11}、λ_{22}、λ_{33} 为未充气驱动器在拉伸形变过程中三个方向的拉伸比；t_{20} 为未充气硅胶管件的壁厚；L_2 为未充气驱动器受力拉抻后的长度；L_{20} 为未充气管件弯曲长度。

可得未充气驱动器拉伸比为

$$I_{20} = \left(\frac{L_{20}}{L_2}\right)^2 + \left(\frac{t_{20}}{t_2}\right)^2 + \left(\frac{r_{20}}{r_2}\right)^2 \tag{10-48}$$

由末端气压做功与硅胶形变做功平衡方程可得关于柔性驱动模块的能量守恒方程：

$$W_p = W_{11} + 2W_{22} \tag{10-49}$$

式中，W_p 为充气气压做功；W_{11} 为充气硅胶管件硅胶形变做功；W_{22} 为未充气硅胶管件硅胶形变做功。

将式(10-46)代入式(10-43)可得充气硅胶应变能密度变化方程：

$$W_1 = C_{10}\left[\left(\frac{L_{10}}{L_1}\right)^2 + \left(\frac{t_{10}}{t_1}\right)^2 + \left(\frac{r_{10}}{r_1}\right)^2 - 3\right] + C_{20}\left[\left(\frac{L_{10}}{L_1}\right)^2 + \left(\frac{t_{10}}{t_1}\right)^2 + \left(\frac{r_{10}}{r_1}\right)^2 - 3\right]^2 \tag{10-50}$$

将式(10-48)代入应变能密度方程可得

$$W_2 = C_{10}\left[\left(\frac{L_{20}}{L_2}\right)^2 + \left(\frac{t_{20}}{t_2}\right)^2 + \left(\frac{r_{20}}{r_2}\right)^2 - 3\right] + C_{20}\left[\left(\frac{L_{20}}{L_2}\right)^2 + \left(\frac{t_{20}}{t_2}\right)^2 + \left(\frac{r_{20}}{r_2}\right)^2 - 3\right]^2 \tag{10-51}$$

充气硅胶管件硅胶形变做功可由式(10-52)给出：

$$W_{11} = W_1 \Delta V_1 = W_1(\pi r_{10}{}^2 L_{10} - \pi r_1{}^2 L) \tag{10-52}$$

式中，ΔV_1 为硅胶管内体积变化量；r_1 为初始驱动器半径；r_{10} 为充气驱动器半径；L 为初始驱动器长度；L_{10} 为充气驱动器长度。

图 10-24 为未充气驱动器受力拉伸形变过程。硅胶管在未拉伸状态下为圆柱桶形，受力后变为扁桶状。由图可知，可将硅胶管件看成弹簧系统，弹性力由硅胶材料应变能密度提供。由此可得，未充气驱动器硅胶材料做功可由式(10-53)得出：

$$W_{22} = W_2 \Delta L = W_2(L_{20} - L) \tag{10-53}$$

驱动器末端气压做功可由式(10-54)获得：

$$W_p = P_2(s)(\pi r_{10}{}^2 L_{10} - \pi r_1{}^2 L) \tag{10-54}$$

将式(10-52)～式(10-54)代入式(10-49)，可以得到末端气压与球关节弯曲形变关系：

$$P_2(s) = \frac{W_1(\pi r_{10}{}^2 L_{10} - \pi r_1{}^2 L) + 2W_2(L_{20} - L)}{(\pi r_{10}{}^2 L_{10} - \pi r_1{}^2 L)} \tag{10-55}$$

$$P_1(s) = \frac{W_1(\pi r_{10}{}^2 L_{10} - \pi r_1{}^2 L) + 2W_2(L_{20} - L)}{(\pi r_{10}{}^2 L_{10} - \pi r_1{}^2 L)} + \frac{1}{18}\varepsilon L_0 Q(L_0 - 6\pi n^2)^2 \tag{10-56}$$

式中，L_0 为驱动器充气后的纵向长度；Q 为压缩气体质量流量，kg/s。

将式(10-52)和式(10-53)代入式(10-56)，可以得到充气气压与柔性弯曲关节充气形变之间的关系：

$$P_1(s) = \frac{C_{10}(I_{10}-3) + C_{20}(I_{10}-3)^2(\pi r_{10}{}^2 L_{10} - \pi r_1{}^2 L) + 2C_{10}(I_{10}-3) + C_{20}(I_{10}-3)^2(L_{20}-L)}{(\pi r_{10}{}^2 L_{10} - \pi r_1{}^2 L)}$$
$$+ \frac{1}{18}\varepsilon L_0 Q(L_0 - 6\pi n^2)^2$$

$$(10\text{-}57)$$

图 10-25 为可变刚度软体驱动模块末端受力平衡图，其中 θ 为末端弯曲的角度，F_n 为充气驱动器提供的推力，与弯曲相切，F_L 为充气驱动器提供限制力。由末端力平衡可以得到未充气驱动器提供限制力与末端弯曲角度之间的关系为

$$F_L^2 = (mg + F_{n2})^2 + F_{n1}^2 = (mg + F_n\cos\theta)^2 + (F_n\sin\theta)^2 \quad (10\text{-}58)$$

式中，F_{n1} 为 F_n 在水平方向的分力；F_{n2} 为 F_n 在垂直方向的分力。

将式(10-58)进行如下变化可求出柔性驱动器末端弯曲角度与末端受力之间的关系：

$$\cos\theta = \frac{F_L^2 + (mg)^2 - F_n^2}{2mgF_n} \quad (10\text{-}59)$$

式中，F_n 由驱动器硅胶材料应变能密度提供；F_L 由充气驱动器形变能密度提供。

$$F_n = 2\frac{\partial W_2}{\partial I_{20}}(\lambda_{11}^2 - \frac{1}{\lambda_{22}}) \quad (10\text{-}60)$$

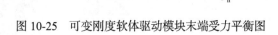

图 10-25　可变刚度软体驱动模块末端受力平衡图

$$F_L = 2\frac{\partial W_1}{\partial I_{10}}(\lambda_{10}^2 - \frac{1}{\lambda_{20}}) \quad (10\text{-}61)$$

将式(10-50)、式(10-51)、式(10-60)、式(10-61)等代入式(10-59)可得末端弯曲角度与柔性弯曲关节形变量之间的关系：

$$\cos\theta = \frac{\left[C_{10}(I_{10}-3) + C_{20}(I_{10}-3)^2\right] + mg - 2\left[C_{10}(I_{10}-3) + C_{20}(I_{10}-3)^2\right]}{2mgC_{10}(I_{10}-3) + C_{20}(I_{10}-3)^2} \quad (10\text{-}62)$$

10.6　多节串联的气动软体机械臂

软体机械臂由三个驱动部件组成[185]，如图 10-26 所示，第一节由三驱动器组成，第二节、第三节由六驱动器组成。每节驱动部件由连接盘将其连接在一起。

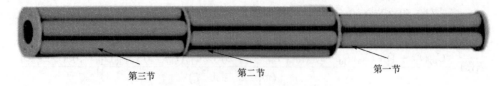

第三节　　　　　第二节　　　　　第一节

图 10-26　软体机械臂整体结构图

软体机械臂第一节驱动部件结构如图 10-27 所示，它由上端盖、1 号连接盘和三个驱动器组成。上端盖下方按等边三角形(边长 18mm)方式排列三个密闭接头，可对第一节驱动部件的三个驱动器进行密封。1 号端盖上方按等边三角形(边长 18mm)方式排列三个进气接头，每个接头上有一个用于进气的通孔，可将充气气管插入通气气孔内，由硅胶胶水进行密封，压缩气体通过充气管充入驱动器。每个驱动器由单独的控制气腔进行控制，故软体机械臂第一节驱动部件有三个可单独控制气腔。

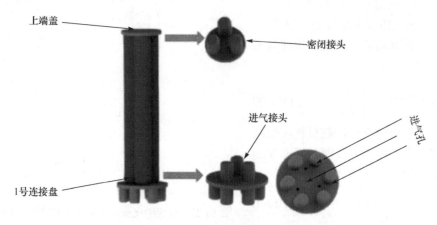

上端盖

密闭接头

进气接头

进气孔

1号连接盘

图 10-27　软体机械臂第一节驱动部件结构图

软体机械臂第二节驱动部件结构如图 10-28 所示，是由 1 号连接盘、2 号连接盘和六个驱动器组成。1 号连接盘下方按等边六边形(边长 18 mm)方式排列六个密闭接头，对第二节驱动部件的六个驱动器进行密封。2 号连接盘上方按等边六边形(边长 18 mm)方式排列六个进气接头，每个接头上有一个用于进气的通孔，可将充气管插入通气气孔内，用硅胶胶水进行密封。2 号连接盘中心开有一个管道孔，通孔直径为 14 mm，用于通过第一节驱动部件的通气管。相邻两个驱动器为一组，组成一组可单独控制的控制气腔，故第二节驱动部件有三个可单独控制的控制气腔。

软体机械臂第三节驱动部件结构如图 10-29 所示，是由 2 号连接盘、六个驱动器和底座组成。2 号连接盘下方按等边六边形(边长 18mm)方式排列六个密闭接头，对第三节驱动部件的六个驱动器进行密封。底座上方按等边六边形(边长18mm)方式排列六个进气接头，每个接头上开有一个用于进气的通孔，可将充气管插入通气孔内，由硅胶胶水进行密封。底座中心开有一个管道孔，用于通过第一节驱动部件和第二节驱动部件的通气管。第三节驱动部件控制气腔分布与第二节驱动部件一样，有三个可单独控制的控制气腔。

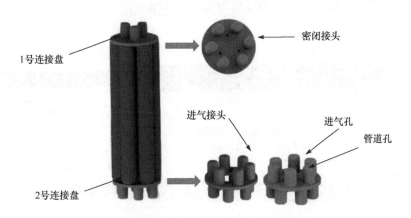

图 10-28　软体机械臂第二节驱动部件结构图

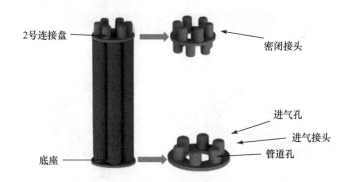

图 10-29　软体机械臂第三节驱动部件结构图

软体机械臂单个关节之间相互独立，由连接盘进行连接，可根据实际的需求调节各关节的长度和关节个数。设计的软体机械臂实物如图 10-30 所示，由三个关节组成，每节有三个可单独控制的控制气腔。因此，软体机械臂可以实现在 3 维空间内任意方向的弯曲运动。

气动软体机械臂的具体结构尺寸、各段横截面如图 10-31 和图 10-32 所示。

(1) 柔性机械臂长度控制在 100～105cm,按最大长度 105cm 计算,分为三节,柔性驱动器布局模式为 6+6+3(即第一节 2 个柔性驱动器为 1 组, 共 3 组; 第二节同第一节；第三节 1 个柔性驱动器为 1 组，共 3 组；如图 10-32 所示)，考虑到连接盘的预留长度 6cm，硅胶管的最大长度还有 99cm，若按三节平均分配，则每段硅胶管长度为 33cm。

(2) 柔性机械臂的最大用气量不超过 0.86L，正常工作状态下用气量不超过最大用气量的 50%。

(3) 柔性机械臂的工作压力范围为 0～0.6MPa。

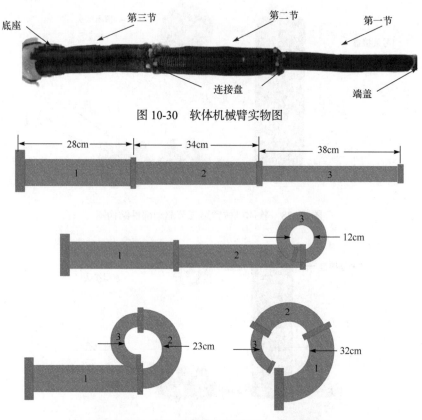

图 10-30　软体机械臂实物图

图 10-31　柔性机械臂的总体构型及弯曲模式

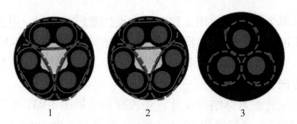

图 10-32　柔性机械臂各段横截面

10.7　软体机械臂运动学模型

软体机械臂为刚柔混合型机器人，其柔性部分为每节驱动部件的气动驱动单元，刚性部分为每节部件之间的连接盘部分。软体机械臂的线性骨架结构如图 10-33 所示，图中的关节为软体机械臂的驱动模块，连杆为软体机械臂驱动模块与驱动模块之间的刚性连接部分。首先给每一个关节指定一个参考坐标系，然后确定一个关节到下一个关节(一个坐标到下一个坐标)变化的步骤。将从基座到一个关节，再从第一个关节到第二个关节，直到最后一个关节的所有变化结合起来。

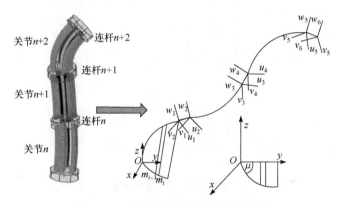

图 10-33　软体机械臂的线性骨架结构

将软体机械臂简化为线性骨架机构，曲线部分为软体驱动模块，结构简化，刚性连接基座由曲线之间的粗实线代替。在每个节点处建立不同的笛卡儿坐标系，以基点 O 建立基坐标系 $\{A\} = (x, y, z)$。其余部分以节点为坐标系中心点建立笛卡儿坐标系 $\{B_i\} = (u_i, v_i, w_i)$，其中 i 为节点数 $(i = 1, 2, \cdots, n)$。在每一节的骨架曲线中插入点列 $P = T_1 T_2 \cdots T_{n-1} T_n$，把骨架曲线分为 n 个微分段[14]。将骨架曲线投影到 xOy 平面上，骨架曲线上的分段点 T 在 xOy 平面上投影成点列 $P_1 = M_1 M_2 \cdots M_{n-1} M_n$，将平面曲线分为 n 个微分段。将投影线分为 n 个小圆弧段，用 ΔL 表示第 i 个小线段 $M_{i-1} M_i$ 的线长。用 λ 表示投影线上第 i 个小弧段的最大长度。

首先讨论基于基座坐标的骨架曲线，其他的关节骨架曲线的微分段划分和投影与基座单元完全一致。推导出软体驱动模块任意微分段的单位向量为 $a(s)$。如图 10-34 所示，将单位方向法向量分解到笛卡儿坐标系的 3 个坐标系上，得到如下转换公式：

$$\begin{cases} x(s) = a(s)\cos\rho\sin\theta \\ y(s) = a(s)\cos\rho\cos\theta \\ z(s) = a(s)\sin\delta \end{cases} \tag{10-63}$$

式中，ρ 为 $a(s)$ 与 xOy 平面夹角；θ 为曲线投影在 xOy 平面的直线与 x 轴的夹角；δ 为 $a(s)$ 与 z 轴的夹角；s 的取值范围为 $i-1 \leqslant s \leqslant i$。

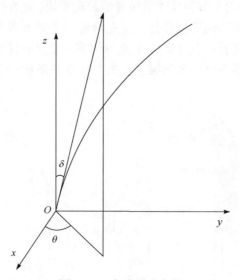

图 10-34　切向量夹角图

骨架曲线在 xOy 平面投影的切向方程 $w(s)$ 为

$$w(s) = (\dot{x}(s), \dot{y}(s)) \tag{10-64}$$

由此可知骨架的某一个微分段为 $T_{i-1}T_i$，微分曲线在 xOy 平面的投影为 $M_{i-1}M_i$，由于 $M_{i-1}M_i$ 为微分段，可以将它看成是直线，所以可以解出 $M_{i-1}M_i$ 在 x、y 轴的分量：

$$L_x = \int_{i-1}^{i} \cos\mu\sqrt{[a(s)\dot{\cos}\rho\sin\theta]^2 + [a(s)\dot{\cos}\rho\cos\theta]^2}\,\mathrm{d}s \tag{10-65}$$

$$L_y = \int_{i-1}^{i} \sin\mu\sqrt{[a(s)\dot{\cos}\rho\sin\theta]^2 + [a(s)\dot{\cos}\rho\cos\theta]^2}\,\mathrm{d}s \tag{10-66}$$

同理，将骨架曲线投影到 zOy 平面可得曲线在 z 轴上的投影长度 L_z 为

$$L_z = \int_{i-1}^{i} \sin\mu\sqrt{[a(s)\sin\delta]^2 + [a(s)\dot{\cos}\rho\cos\theta]^2}\,\mathrm{d}s \tag{10-67}$$

式中，μ 为 zOy 平面投影曲线切向量与 z 轴的夹角。

由此可以得到骨架曲线末端端点坐标为

$$B_1 = (x, y, z) = (\lim_{\lambda \to 0} \sum_{x=1}^{n} L_x, \lim_{\lambda \to 0} \sum_{y=1}^{n} L_y, \lim_{\lambda \to 0} \sum_{z=1}^{n} L_z) \tag{10-68}$$

根据 D-H 矩阵可以得到软体触手型机器人运动学方程为

$$T = B_1 B_2 B_3 \cdots B_n \tag{10-69}$$

10.8　软体机械臂性能测试试验

气动性能测试试验是为了测量软体机械臂的最大垂直水平负载能力和最大旋转角度。在垂直载荷能力试验中，将最大驱动气压充入驱动器，使软体驱动模块达到最大伸长率。在驱动模块末端施加负载，并将压力设置为大气压，增加末端载荷直到气动肌腱的长度不发生变化。测量向软体机械臂每节单气腔充气和双气腔充气时的最大弯曲角度。在测量最大横向负载时，向控制气腔内通入最大压力气体，并在末端施加负载，直到气动元件末端的横向位移达到水平。测量软体驱动模块达到最大伸长率时的响应时间。向软体驱动器内充入最大负载气压，记录下完全伸长所需的时间。响应时间和部件长度与驱动器的数量相关[186]。软体驱动部件的性能测试结果如表 10-4 所示。

表 10-4　软体驱动部件的性能测试结果

测试项目	第一节	第二节	第三节
最大纵向负载/N	75.3	183.2	190.8
单气腔最大横向负载/N	28.9	125	128
双气腔最大横向负载/N	31	140	143
单气腔弯曲角度/(°)	700	360	365
双气腔弯曲角度/(°)	680	356	356
最大伸长/cm	276	220	20
最大形变量/%	102	91.7	91.7
最大形变响应时间/s	0.9	1.15	1.52
最大承载气压/MPa	0.6	0.6	0.6

10.8.1　软体机械臂弯曲试验

将软体触手型机器人的末端固定到固定梁上。整个机器人垂直于地面，如

图 10-35(a)所示。软件触手型机器人由三部分组成，三个驱动部件都有三个控制空气通道，每个空气通道都是可单独控制的，可以实现空间任何位置的弯曲。测试试验研究了几种弯曲形态。图 10-35(b)为第一种运动，向第一节驱动部件某单个控制气腔内充气，将 0.43MPa 气压通入第一节驱动部件的一个单气腔内，第一节驱动部件末端弯曲角度为 450°。研究第一种运动方式的意义在于：第一节驱动部件可单独弯曲，且能实现大弯曲形变的包络曲线，可用于抓持、包裹住小型目标物体。图 10-35(c)为第二种运动，同时向第一节驱动部件和第二节驱动部件的某一个控制气腔内充气：向第一节驱动部件的单个气腔充入 0.275MPa 气压，第一节驱动部件末端弯曲角度为 180°，第一节驱动部件弯曲成一个直径为 174mm 的半圆形；向第二节驱动部件内的单气腔内充入 0.46MPa 气压，第二节驱动部件末端弯曲角度为 180°，和第一节驱动部件形成直径为 174mm 的圆。研究第二种运动方式的意义在于：软体机械臂的第一节和第二节驱动部件能共同实现大弯曲包络运动，可用于抓持大型目标物体。图 10-35(d)为第三种运动，同时向第一节、第二节和第三节驱动部件的某一气腔内充入气压：向第一节驱动部件的单个气腔内通入 0.38MPa 气压，第一节驱动部件末端弯曲角度为 360°，第一节弯曲成直径为 100mm 的圆；向第二节驱动部件内单气腔通入 0.46MPa 气压，末端弯曲角度为 180°，弯曲成半径为 174mm 的半圆；向第三节驱动部件单气腔内充入 0.56MPa 气压，使得末端弯曲角度为 90°，弯曲成半径为 215mm 的四分之一圆弧。研究第三种运动方式的意义在于：末端驱动器能抬起前两节驱动器，可用于目标物体的抓持和操作。

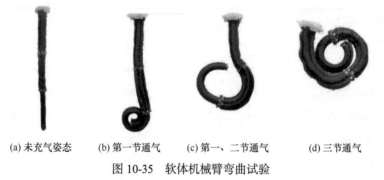

(a) 未充气姿态　　(b) 第一节通气　　(c) 第一、二节通气　　　(d) 三节通气

图 10-35　软体机械臂弯曲试验

10.8.2　软体机械臂抓持试验

本节展示了软体机械臂抓持不同物体的状况，如图 10-36 所示。图 10-36(c) 为 10.8.1 节中描述的软体机械臂第一种运动方式，图 10-36(a)、(b)、(d)、(e)、(f)、(g)为 10.8.1 节中描述的第二种运动方式，图 10-36(h)为 10.8.1 节中描述的第三种运动方式。抓持试验数据如表 10-5 所示。

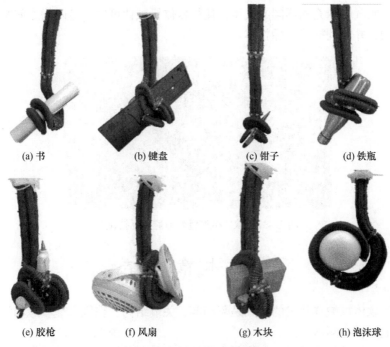

(a) 书　　　　　　(b) 键盘　　　　　　(c) 钳子　　　　　　(d) 铁瓶

(e) 胶枪　　　　　　(f) 风扇　　　　　　(g) 木块　　　　　　(h) 泡沫球

图 10-36　软体机械臂抓持试验

表 10-5　软体机械臂抓持试验数据

抓持物	质量/g	充入的气压值/MPa		
		第一节	第二节	第三节
书	248	0.3	0.2	0
键盘	489	0.3	0.3	0
钳子	152	0.2	0.25	0
铁瓶	816	0.3	0.36	0
胶枪	336	0.3	0.29	0
风扇	581	0.15	0.13	0
木块	397	0.2	0.25	0
泡沫球	33	0.2	0.25	0.3

　　上述试验验证了软体机械臂具有大柔性和大弯曲的特性，因此，柔性软体机械臂具有广泛的应用前景，如在狭窄复杂环境下进行穿行、避障和抓持运动等。图 10-37 为软体机械臂弯曲避障抓持试验，分别向软体机械臂三个不同弯曲关节

的单个控制气腔内充入不同的气压，使得软体机械臂可以在障碍物之间绕行、避开障碍物，并顺利抓持目标物体。

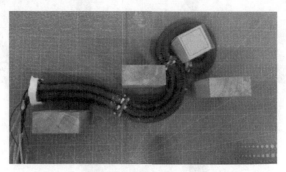

图 10-37　软体机械臂弯曲避障抓持试验

10.9　本 章 小 结

　　气动软体机械臂开发的基础是驱动器、关节结构、整机原理、运动学建模和相关性能分析与测试。

　　本章介绍了长行程气动软体驱动器的结构及运动机理，以及超弹性硅胶管的设计与制作过程，描述了驱动器的组装过程，对硅胶管外的波纹编织套管模型进行了简化分析，建立了波纹编织套管的内半径随驱动器长度变化的简化模型，对硅胶管的拉伸过程进行了受力分析；建立了驱动器的静态数学模型，并对驱动器的恒载荷特性、恒长特性及恒压特性进行了仿真，分析了长行程气动软体驱动器运动特性。

　　另外，基于柔性驱动模块设计了软体机械臂。软体机械臂由三节组成且每节都有三个可单独控制的充气气腔，向不同关节的不同气腔内充入不同气压时软体机械臂可实现不同的运动姿态。最后对软体机械臂做了全面的气动性能分析与测试，包括最大横纵向负载、最大弯曲角度、弯曲响应速率等。

参 考 文 献

[1] Nickel V L, Perry J, Garrett A L. Development of useful function in the severely paralyzed hand[J]. Bone Joint Surgery, 1963, 45(5): 933-952.

[2] Chou C P, Hannaford B. Static and dynamic characteristics of McKibben pneumatic artificial muscles[C]. IEEE Conference on Robotics and Automation, San Diego, 1994: 281-286.

[3] Chou C P, Hannaford B. Measurement and modeling of McKibben pneumatic artificial muscles[J]. IEEE Transactions on Robotics and Automation, 1996, 12(1): 90-102.

[4] Tsagarakis N, Caldwell D G. Improved modelling and assessment of pneumatic muscle actuators[C]. IEEE International Conference on Robotics & Automation, San Francisco, 2000: 3641-3646.

[5] Colbrunn R W, Nelson G M, Quinn R D. Modeling of braided pneumatic actuators for robotic control[C]. IEEE/RSJ International Conference on Intelligent Robots and Systems, Maui, 2001: 1964-1970.

[6] Caldwell D G, Medrano Cerda G A, Goodwin M. Control of pneumatic muscle actuators[J]. IEEE Control Systems Magazine, 1995, 15(1): 40-48.

[7] Cai D, Yamaura H. A robust controller for manipulator driven by artificial muscle actuator[C]. Proceedings of the IEEE International Conference on Control Applications, Dearborn, 1996: 540-545.

[8] Osuka K, Kimura T, Ono T. H^{∞} control of a certain nonlinear actuator[C]. The 29th IEEE Conference on Decision and Control, Honolulu, 1990: 370-371.

[9] Hamerlain M. An anthropomorphic robot arm driven by artificial muscles using a variable structure control[C]. IEEE/RSJ Conference on Intelligent Robots and Systems, Pittsburgh, 1995: 550-555.

[10] Ozkan M, Inoue K, Negishi K, et al. Defining a neural network controller structure for a rubbertuator robot[J]. Neural Nctworks, 2000, 13: 533-544.

[11] Boblan I, Bannasch R, Schwenk H, et al. A human-like robot hand and arm with fluidic muscles: Biologically inspired construction and functionality[J]. Embodied Artificial Intelligence, 2004, 3139: 160-179.

[12] Shadow Robot Company. Shadow dexterous hand C5 technical specification[R]. London: Shadow Robot Company, 2008.

[13] Suzumori K, Iikura S, Tanaka H. Flexible microactuator for miniature robots[C]. Proceedings of IEEE Micro Electro Mechanical Systems, Nara, 1991: 204-209.

[14] Suzumori K, Maeda T, Watanabe H, et al. Fiberless flexible microactuator designed by finite-element method[J]. IEEE/ASME Transactions on Mechatronics, 1997, 2(4): 281-286.

[15] Tanaka Y, Gofuku A, Fujino Y. Development of a tactile sensing flexible actuator[C].

Proceedings of 4th IEEE International Workshop on Advanced Motion Control, Mie, 1996: 723-728.

[16] Noritsugu T, Kubota M, Yoshimatsu S. Development of pneumatic rotary soft actuator made of silicone rubber[J]. Journal of Robotics and Mechatronics, 2001, 13(1): 17-22.

[17] Schulz S, Pylatiuk C, Bretthauer G. A new ultralight anthropomorphic hand[C]. IEEE International Conference on Robotics & Automation, Seoul, 2001: 2437-2441.

[18] Yang Q H, Zhang L B, Bao G J, et al. Research on novel flexible pneumatic actuator FPA[C]. IEEE Conference on Robotics, Automation and Mechatronics, Singapore, 2004: 385-389.

[19] Bao G J, Zhang L B, Yang Q H, et al. Development of flexible pneumatic spherical joint[C]. IEEE Conference on Robotics, Automation and Mechatronics, Singapore, 2004: 381-384.

[20] Boyd J G, Lagoudas S C. A thermodynamic constitutive model for the shape memory materials, Part II. The SMA composite material[J]. Internationa Journal of Plasticity, 1996, 12(7): 843-873.

[21] Nakamaru S, Maeda S, Hara Y, et al. Development of novel self-oscillating gel actuator for achievement of chemical robot[J]. IEEE-RSJ International Conference on Intelligent Robots and Systems, St Louis, 2009: 4319-4324.

[22] Calamia J. Artifacts from the first 2000 years of computing[J]. IEEE Spectrum, 2011, 48(5): 34-40.

[23] Anderson V C, Horn R C. Tensor arm manipulator design[J]. Transactions of the ASME, 1967, 67: 1-2.

[24] Suzumori K, Iikura S, Tanaka H. Applying a flexible microactuator to robotic mechanisms[J]. Control Systems, 1992, 12(1): 21-27.

[25] Takahashi M, Hayashi I, Iwatsuki N, et al. Development of an in-pipe microrobot applying the motion of an earthworm[C]. The 5th International Symposium on Micro Machine and Human Science, Nagoya, 1994: 35-40.

[26] Immega G, Antonelli K. The KSI tentacle manipulator[C]. IEEE International Conference on Robotics and Automation, Nagoya, 1995, 3: 3149-3154.

[27] Lane D M, Davies J B C, Robinson G, et al. The AMADEUS dextrous subsea hand: Design, modeling, and sensor processing[J]. IEEE Journal of Oceanic Engineering, 1999, 24(1): 96-111.

[28] Cieslak R, Morecki A. Elephant trunk type elastic manipulator—A tool for bulk and liquid materials transportation[J]. Robotica, 1999, 17(1): 11-16.

[29] Hannan M W, Walker I D. The elephant trunk's manipulator, design and implementation[C]. IEEE/ASME International Conference on Advanced Intelligent Mechatronics, Como, 2001: 14-19.

[30] Gravagne I A, Walker I D. Manipulability force and compliance analysis for planar continuum manipulators[J]. IEEE Transactions on Robotics and Automation, 2002, 18(3): 263-273.

[31] Gravagne I A, Rahn C D, Walker I D. Large deflection dynamics and control for planar continuum robots[J]. IEEE/ASME Transactions on Mechatronics, 2003, 8(2): 299-307.

[32] McMahan W, Jones B A, Walker I D. Design and implementation of a multi-section continuum robot: Air-octor[C]. IEEE/RSJ International Conference on Intelligent Robots and Systems, Edmonton, 2005: 2578-2585.

[33] Jones B A, Walker I D. Kinematics for multisection continuum robots[J]. IEEE Transactions on

Robotics, 2006, 22(1): 43-55.

[34] McMahan W, Chitrakaran V, Csencsits M, et al. Field trials and testing of the OctArm continuum manipulator[C]. IEEE International Conference on Robotics and Automation, Piscataway, 2006: 2336-2341.

[35] Jones B A, Walker I D. Practical kinematics for real-time implementation of continuum robots[J]. IEEE Transactions on Robotics, 2006, 22(6): 1087-1099.

[36] Neppalli S, Jones B A. Design, construction, and analysis of a continuum robot[C]. IEEE/RSJ International Conference on Intelligent Robots and Systems, San Diego, 2007: 1503-1507.

[37] Chen G, Pham M T, Redarce T. Sensor-based guidance control of a continuum robot for a semi-autonomous colonoscopy[J]. Robotics and Autonomous Systems, 2009, 579(6): 712-722.

[38] 邵铁锋. 气动柔性象鼻型连续机器人研究[D]. 杭州: 浙江工业大学, 2014.

[39] Wakimoto S, Ogura K, Suzumori K, et al. Miniature soft hand with curling rubber pneumatic actuators[C]. IEEE International Conference on Robotics and Automation, Kobe, 2009: 556-561.

[40] Yoshioka R, Wakimoto S, Suzumori K, et al. Development of pneumatic rubber actuator of 400μm in diameter generating bi-directional bending motion[C]. IEEE International Conference on Robotics and Biomimetics, Bali, 2014: 1-6.

[41] Fujita K, Deng M C, Wakimoto S. A miniature pneumatic bending rubber actuator controlled by using the PSO-SVR-based motion estimation method with the generalized Gaussian kernel[J]. Actuators, 2017, 6(1): act6010006.

[42] Mosadegh B, Polygerinos P, Keplinger C, et al. Pneumatic networks for soft robotics that actuate rapidly[J]. Advanced Functional Materials, 2014, 24(15): 2163-2170.

[43] Shepherd R F, Ilievski F, Choi W, et al. Multigait soft robot[J]. Proceedings of the National Academy of Sciences of the United States of America, 2011, 108(51): 20400-20403.

[44] Zhao H C, Li Y, Elsamadisi A, et al. Scalable manufacturing of high force wearable soft actuators[J]. Extreme Mechanics Letters, 2015, 3: 89-104.

[45] Zhao H, Jalving J, Huang R, et al. A helping hand: Soft orthosis with integrated optical strain sensors and emg control[J]. IEEE Robotics & Automation Magazine, 2016, 23(3): 55-64.

[46] Homberg B S, Katzschmann R K, Dogar M R, et al. Haptic identification of objects using a modular soft robotic gripper[C]. IEEE/RSJ International Conference on Intelligent Robots and Systems, Hamburg, 2015: 1698-1705.

[47] Katzschmann R K, Marchese A D, Rus D. Autonomous object manipulation using a soft planar grasping manipulator[J]. Soft Robotics, 2015, 2(4): 155-164.

[48] Wang Z K, Zhu M Z, Kawamura S, et al. Comparison of different soft grippers for lunch box packaging[J]. Robotics & Biomimetics, 2017, 4(1): 1-9

[49] Matsuno T, Wang Z K, Hirai S. Grasping state estimation of printable soft gripper using electro-conductive yarn[J]. Robotics & Biomimetics, 2017, 4(1): 13-14.

[50] Hao Y F, Gong Z Y, Xie Z X, et al. Universal soft pneumatic robotic gripper with variable effective length[C]. The 35th Chinese Control Conference, Chengdu, 2016: 6109-6114.

[51] Martinez R V, Branch J L, Fish C R, et al. Robotic tentacles with three-dimensional mobility based on flexible elastomers[J]. Advanced Materials, 2013, 25(2): 205-212.

[52] Morin S A, Shevchenko Y, Lessing J, et al. Using "Click-e-Bricks" to make 3D elastomeric structures[J]. Advanced Materials, 2014, 26(34): 5991-5999.

[53] Morin S A, Kwok S W, Lessing J, et al. Elastomeric tiles for the fabrication of inflatable structures[J]. Advanced Functional Materials, 2014, 24(35): 5541-5549.

[54] 王宁扬, 孙昊, 姜皓, 等. 一种基于蜂巢气动网络的软体夹持器抓持策略研究[J]. 机器人, 2016, 38(3): 371-377, 384.

[55] 王芳, 章军, 刘光元. 弯曲与直线膨胀弹性波纹管驱动柔性关节的对比分析[J]. 液压与气动, 2013, (2): 53-56.

[56] Martinez R V, Fish C R, Chen X, et al. Elastomeric origami: Programmable paper-elastomer composites as pneumatic actuators[J]. Advanced Functional Materials, 2012, 22(7): 1376-1384.

[57] Noritsugu T, Kubota M, Yoshimatsu S. Development of pneumatic rotary soft actuator[J]. Transactions of the Japan Society of Mechanical Engineers, 2000, 66(647): 2280-2285.

[58] Fras J, Noh Y, Wurdemann H, et al. Soft fluidic rotary actuator with improved actuation properties[C]. IEEE/RSJ International Conference on Intelligent Robots and Systems, Vancouver, 2017: 5610-5615.

[59] Suzumori K. Flexible microactuator: 1st report, static characteristics of 3 DOF actuator[J]. Transactions of the Japan Society of Mechanical Engineers C, 1989, 55(518): 2547-2552.

[60] Suzumori K. Flexible microactuator: 2nd report, dynamic characteristics of 3 DOF actuator[J]. Transactions of the Japan Society of Mechanical Engineers C, 1990, 56(527): 1887-1893.

[61] Suzumori K, Endo S, Kanda T, et al. A bending pneumatic rubber actuator realizing soft-bodied manta swimming robot[C]. IEEE International Conference on Robotics and Automation, Roma, 2007: 4975-4980.

[62] Galloway K C, Polygerinos P, Walsh C J, et al. Mechanically programmable bend radius for fiber-reinforced soft actuators[C]. International Conference on Advanced Robotics, Montevideo, 2013: 1-6.

[63] Polygerinos P, Wang Z, Overvelde J T B, et al. Modeling of soft fiber-reinforced bending actuators[J]. IEEE Transactions on Robotics, 2015, 31(3): 778-789.

[64] Wang Z, Polygerinos P, Overvelde J T B, et al. Interaction forces of soft fiber reinforced bending actuators[J]. IEEE/ASME Transactions on Mechatronics, 2016, 22(2): 717-727.

[65] Firouzeh A, Salerno M, Paik J. Soft pneumatic actuator with adjustable stiffness layers for Multi-DOF Actuation[C]. IEEE/RSJ International Conference on Intelligent Robots and Systems, Hamburg, 2015: 1117-1124.

[66] Zhang L B, Bao G J, Yang Q H, et al. Static model of flexible pneumatic bending joint[C]. International Conference on Control, Automation, Robotics and Vision, Singapore, 2007: 1-5.

[67] 王华, 康荣杰, 王兴坚, 等. 软体弯曲驱动器设计与建模[J]. 北京航空航天大学学报, 2017, 43(5): 1053-1060.

[68] 魏树军, 王天宇, 谷国迎. 基于纤维增强型驱动器的气动软体抓手设计[J]. 机械工程学报, 2017, 53(13): 29-38.

[69] Deimel R, Brock O. A compliant hand based on a novel pneumatic actuator[C]. IEEE International Conference on Robotics and Automation, Karlsruhe, 2013: 2047-2053.

[70] Yan J H, Xu B B, Zhang X B, et al. Design and test of a new spiral driven pure torsional soft

actuator[C]. International Conference on Intelligent Robotics and Applications, Cham, 2017: 127-139.

[71] Krishna S, Nagarajan T, Rani A M A. Review of current development of pneumatic artificial muscle[J]. Journal of Applied Sciences, 2011, 11(10): 1749-1755.

[72] Zhao H C, O'Brien K, Li S, et al. Optoelectronically innervated soft prosthetic hand via stretchable optical waveguides[J]. Science Robotics, 2016, 1(1): aai7529.

[73] Iwata K, Suzumori K, Wakimoto S. Development of contraction and extension artificial muscles with different braid angles and their application to stiffness changeable bending rubber mechanismby their combination[J]. Robotics and Mechatronics, 2011, 23(4): 582-588.

[74] Pritts M B, Rahn C D. Design of an artificial muscle continuum robot[C]. IEEE International Conference on Robotics and Automation, New Orleans, 2004: 4742-4746.

[75] Giri N, Walker I. Continuum robots and underactuated grasping[J]. Mechanical Sciences, 2011, 2(1): 51-58.

[76] Kapadia A D, Walker I D, Dawson D M, et al. A model-based sliding mode controller for extensible continuum robots[C]. The 9th WSEAS International Conference on Signal Processing, Robotics and Automation, Cambridge, 2010: 113-120.

[77] Pack R T, Christopher J L J, Kawamura K. A rubbertuator-based structure-climbing inspection robot[C]. IEEE International Conference on Robotics and Automation, Albuquerque, 1997: 1869-1874.

[78] Faudzi A A M, Razif M R M, Nordin I N A M, et al. Development of bending soft actuator with different braided angles[C]. IEEE/ASME International Conference on Advanced Intelligent Mechatronics, Kaohsiung, 2012: 1093-1098.

[79] Nordin I N A M, Razif M R M, Faudzil A A M, et al. 3-D finite-element analysis of fiber-reinforced soft bending actuator for finger flexion[C]. IEEE/ASME International Conference on Advanced Intelligent Mechatronics, Wollongong, 2013: 128-133.

[80] Brown E, Meiron D. Universal robotic gripper based on the jamming of granular material[J]. Proceedings of the National Academy of Sciences of the United States of America, 2010, 107(44): 18809-18814.

[81] Amend J, Cheng N, Fakhouri S, et al. Soft robotics commercialization: Jamming grippers from research to product[J]. Soft Robotics, 2016, 3(4): 213-222.

[82] Yang Y, Chen Y H. Novel design and 3D printing of variable stiffness robotic fingers based on shape memory polymer[C]. IEEE International Conference on Biomedical Robotics and Biomechatronics, Singapore, 2016: 195-200.

[83] Li Y, Chen Y H, Wei Y. Passive particle jamming and its stiffening of soft robotic grippers[J]. IEEE Transactions on Robotics, 2017, 33(2): 446-455.

[84] Wei Y, Chen Y H, Yang Y, et al. A soft robotic spine with tunable stiffness based on integrated ball joint and particle jamming[J]. Mechatronics, 2016, 33: 84-92.

[85] Jiang A, Althoefer K, Dasgupta P, et al. Granular jamming for minimally invasive surgeries[J]. Journal of Endourology, 2012, 26(5): A403-A404.

[86] Cianchetti M, Ranzani T, Gerboni G, et al. STIFF-FLOP surgical manipulator: Mechanical

design and experimental characterization of the single module[C]. IEEE/RSJ International Conference on Intelligent Robots and Systems, Tokyo, 2013: 3576-3581.

[87] Malekzadeh M S, Calinon S, Bruno D, et al. Learning by imitation with the STIFF-FLOP surgical robot: A biomimetic approach inspired by octopus movements[J]. Robotics & Biomimetics, 2014, 1(1): 1-15.

[88] 阮健, 许耀铭, 余春阳. 气动柔性气缸: 89214576[P]. 1990.

[89] Ranzani T, Cianchetti M, Gerboni G, et al. A soft modular manipulator for minimally invasive surgery: Design and characterization of a single module[J]. IEEE Transactions on Robotics, 2016, 32(1): 187-200.

[90] 张立彬, 杨庆华, 鲍官军, 等. 一种气动柔性驱动器: 200510049589.5[P]. 2005.

[91] 张立彬, 鲍官军, 杨庆华, 等. 一种气动柔性驱动器: 200520101465.2[P]. 2005.

[92] 杨庆华. 基于气动柔性驱动器的气动柔性关节及其应用研究[D]. 杭州: 浙江工业大学, 2005.

[93] 杨庆华, 张立彬, 胥芳, 等. 气动柔性弯曲关节的特性及其神经PID控制算法研究[J]. 农业工程学报, 2004, 20(4): 88-91.

[94] 鲍官军, 高峰, 荀一, 等. 气动柔性末端执行器设计及其抓持模型研究[J]. 农业工程学报, 2009, (10): 121-126.

[95] 张立彬, 杨庆华, 沈建冰, 等. 气动柔性扭转关节: ZL03255643.8[P]. 2004.

[96] 陈景藻. 康复医学[M]. 北京: 高等教育出版社, 2001.

[97] Jenkins W M, Merzenich M M. Chapter 21 reorganization of neocortical representations after brain injury: A neurophysiological model of the bases of recovery from stroke[J]. Progress in Brain Research, 1987, 71: 249-266.

[98] Pons T P, Garraghty P E, Ommaya A K, et al. Massive cortical reorganization after sensory deafferentation in adult macaques[J]. Science, 1991, 252(5014): 1857-1860.

[99] Dario P, Guglielmelli E, Allotta B, et al. Robotics for medical applications[J]. IEEE Robotics and Automation Magazine. 1996, 3(3): 44-56.

[100] Caldwell D G, Medrano-Cerda G A, Goodwin M J. Braided pneumatic actuator control of a multi-jointed manipulator[C]. Proceedings of IEEE International Conference on Systems, Man and Cybernetics, Le Touquet, 1993: 423-428.

[101] Sasaki D, Noritsugu T, Takaiwa M. Development of active support splint driven by pneumatic soft actuator[C]. IEEE International Conference on Robotics and Automation, Barcelona, 2005: 520-525.

[102] 赵亮, 冯培恩, 潘双夏. 设计方法学在产品创新中的应用[J]. 机械设计, 2000, 1: 12-14, 23.

[103] 张立勋, 董玉红. 智能手部康复训练器: 200420019014.X[P]. 2005.

[104] 昌立国. 智能仿生康复手的研制[J]. 新技术/新工艺/新设备, 2005, 1: 81-83.

[105] 张付祥. 床上手指康复机械手系统研究[D]. 哈尔滨: 哈尔滨工业大学, 2007.

[106] Fu Y L, Zhang F X, Wang S G. Development of an embedded control platform of a continuous passive motion machine[C]. IEEE/RSJ International Conference on Intelligent Robots and Systems, Beijing, 2006: 1617-1622.

[107] Koeneman E J, Schultz R S, Wolf S L, et al. A pneumatic muscle hand therapy device[C].

Proceedings of 26th Annual International Conference of the IEEE EMBS, San Francisco, 2004: 2711-2713.

[108] 钱少明, 杨庆华, 鲍官军, 等. 基于气动柔性驱动器的弯曲关节的基本特性研究[J]. 中国机械工程, 2009, 24: 2903-2907.

[109] 张玉茹, 李继婷, 李剑锋. 机器人灵巧手: 建模、规划与仿真[M]. 北京: 机械工业出版社, 2007.

[110] 张永德, 刘廷荣. 机器人多指灵巧手的结构参数优化设计[J]. 机器人, 1999, 21(3): 234-240.

[111] 刘云峰, 杨利平, 董星涛, 等. 基于现代设计与制造技术的小儿发育性髋脱位精确治疗外科手术研究[J]. 浙江工业大学学报, 2009, 37(2): 208-212.

[112] 吕洋, 曲娴, 王朝辉. 神经生理学[M]. 长春: 吉林大学出版社, 2007.

[113] 李阳. 智能仿生手臂肌电信号-运动模型化与模式识别理论方法研究[D]. 长春: 吉林大学, 2012.

[114] 阮迪云, 寿天德. 神经生理学[M]. 合肥: 中国科学技术大学出版社, 1992.

[115] 陈伟婷. 基于熵的表面肌电信号特征提取研究[D]. 上海: 上海交通大学, 2008.

[116] Farrell T R, Weir R F. A comparison of the effects of electrode implantation and targeting on pattern classification accuracy for prosthesis control[J]. IEEE Transactions on Biomedical Engineering, 2008, 55(9): 2198-2200.

[117] Hargrove L J, Englehart K, Hudgins B. A comparison of surface and intramuscular myoelectric signal classification[J]. IEEE Transactions on Biomedical Engineering, 2007, 54(5): 847-853.

[118] Eriksson L, Sebelius F, Balkenius C. Neural control of a virtual prosthesis[C]. Proceedings of the 8th International Conference on Artificial Neural Networks, Skovde, 1998: 905-910.

[119] 林奇. 人体解剖学图谱及纲要[M]. 北京: 北京大学医学出版社, 2008.

[120] 杨大鹏, 赵京东, 姜力, 等. 基于肌电信号的人手姿态多模式识别方法[J]. 上海交通大学学报, 2009, 43(7): 1071-1075,1080.

[121] Okada T. Object-handling system for manual industry[J]. IEEE Transactions on Systems, Man, and Cybernetics, 1979, 9(2): 79-89.

[122] Okada T. Computer control of multijointed finger system for precise handling[J]. IEEE Transactions on Systems, Man, and Cybernetics, 1982, 12(3): 289-299.

[123] Salisbury J K, Graig J J. Articulated hands: Force control and kinematic issues[J]. International Journal of Robotic Research, 1982, 1(1): 4-17.

[124] Salisbury J K, Roth B. Kinematics and force analysis of articulated mechanical hands[J]. Journal of Mechanisms, Transmissions and Actuation in Design, 1983, 105(1): 35-41.

[125] Mason M T, Salisbury J K. Robot Hands and the Mechanics of Manipulation[M]. Cambridge: MIT Press, 1985.

[126] Liu H, Butterfass J, Knoch S, et al. A new control strategy for DLR's multisensory articulated hand[J]. IEEE Control System, 1999, 19(2): 47-54.

[127] Butterfass J, Grebenstein M, Liu H, et al. DLR-Hand II: Next generation of a dexterous robot hand[C]. Proceedings of IEEE International Conference on Robotics and Automation, Seoul, 2001: 109-114.

[128] Hirzinger G, Fischer M, Brunner B, et al. Advances in robotics: The DLR experience[J]. The International Journal of Robotics Research, 1999, 18(11): 1064-1087.

[129] Butterfass J, Hirzinger G, Knoch S, et al. DLR's multi-sensory articulated hand I: Hard-and software architecture[C]. Proceedings of IEEE International Conference on Robotics and Automation, Leuven, 1998: 2081-2086.

[130] Liu H, Meusel P, Seitz N, et al. The modular multisensory DLR-HIT-Hand[J]. Mechanism and Machine Theory, 2007, 42(5): 612-625.

[131] Lovchik C S, Difler M A. The robonaut hand: A dexterous robotic hand for space[C]. Proceedings of IEEE International Conference on Robotics and Automation, Detroit, 1999: 907-912.

[132] 刘义军, 刘伊威. HIT 机器人灵巧手手指及其阻抗控制的研究[J]. 机械制造, 2008, 46(7): 5-8.

[133] 王国庆, 李大寨, 钱锡康, 等. 新型三指灵巧机械手的研究[J]. 机械工程学报, 1997, 33(3): 71-75.

[134] 王洪瑞, 吕应权, 宋维公. BH-1 灵巧手运动学和动力学建模研究[J]. 系统仿真学报, 1997, 9(3): 44-50.

[135] 尚喜生, 郭卫东, 张浩, 等. BH-4 灵巧手抓持规划与实现[J]. 机器人, 2000, 22(7): 608-612.

[136] Kawasaki H, Komatsu T, Uchiyama K. Dexterous anthropomorphic robot hand with distributed tactile sensor: Gifu Hand II[J]. IEEE Transactions on Mechatronics, 2002, 7(3): 296-303.

[137] Tetsuya M, Kawasaki H, Keisuke Y, et al. Anthropomorphic robot hand: Gifu Hand III[C]. Proceedings of ICCAS2002, Jeonbuk, 2002: 1288-1293.

[138] Gao X H, Jin M H, Jiang L, et al. The DLR/HIT dexterous hand: Work in progress[C]. Proceedings of IEEE International Conference on Robotics and Automation, Taipei, 2003: 3164-3168.

[139] Ueda J, Kondo M, Ogasawara T. The multifingered NAIST hand system for robot in-hand manipulation [J]. Mechanism and Machine Theory, 2010, 45(2): 224-238.

[140] Jacobsen S C, Wood J E, Knutti D F, et al. Utah/MIT dexterous hand: Work in progress[J]. The International Journal of Robotics Research, 1984, 3(4): 21-50.

[141] 张永德, 刘廷荣, 李华敏. 机器人多指灵巧手的结构型式的优化分析[J]. 机械设计, 1999, 16(7): 3-5.

[142] 汤健. 骨科临床测量[M]. 合肥: 安徽科学技术出版社, 2001.

[143] 日本机器人学会. 机器人技术手册[M]. 宗光华, 程君实, 等译. 北京: 科学出版社, 2007.

[144] Yoshikawa T, Nagai K. Manipulating and grasping forces in manipulation by multifingered robot hands[J]. IEEE Transactions on Robotics and Automation, 1991, 7(1): 67-77.

[145] Denavit J, Hartenberg R S. A kinematic notation for lower-pair mechanisms based on matrices[J]. Journal of Mechanisms and Robotics—Transactions of the ASME, 1965, 22(2): 215-221.

[146] 霍伟. 机器人动力学和控制[M]. 北京: 高等教育出版社, 2004.

[147] Shao H, Nonami K, Wojtara T. Neuro-fuzzy position control of demining tele-operation system based on RNN modeling[J]. Robotics and Computer-Integrated Manufacturing, 2006, 22(1): 25-32.

[148] Kalra P, Mahapatra P B, Aggarwal D K. An evolutionary approach for solving the multimodal

inverse kinematics problem of industrial robots[J]. Mechanism and Machine Theory, 2006, 41(10): 1213-1229.

[149] 申晓宁, 李胜, 郭毓, 等. 基于多目标遗传算法的冗余机械手逆解算法[J]. 系统仿真学报, 2008, 20(2): 399-403.

[150] 张培艳, 吕恬生, 宋立博. 基于 BP 网络的 MOTOMAN 机器人运动学逆解研究[J]. 机电工程, 2004, 20(2): 56-58.

[151] 郑宇. 多指抓持的封闭性、最优规划与动态力分配研究[D]. 上海: 上海交通大学, 2007.

[152] 杨磊. 基于指尖传感器的 DLR/HIT 机器人灵巧手阻抗控制的研究[D]. 哈尔滨: 哈尔滨工业大学, 2005.

[153] 孙增圻. 智能控制理论及技术[M]. 北京: 清华大学出版社, 2006.

[154] 洪昭斌, 陈力. 漂浮基柔性空间机械臂基于奇异摄动法的模糊控制和柔性振动主动控制[J]. 机械工程学报, 2010, 46(7): 35-41.

[155] 郭伟斌, 陈勇. 基于模糊控制的除草机器人自主导航[J]. 机器人, 2010, 32(2): 204-209.

[156] Salisbury J K. Active stiffness control of a manipulator in cartesian coordinates[C]. Proceedings of 19th IEEE Conference on Decision and Control Including the Symposium on Adaptive Processes, Stanford, 1980: 95-100.

[157] Lasky T A, Hsia T C. On force-tracking impedance control of robot manipulators[C]. Proceedings of IEEE International Conference on Robotics and Automation, Sacramento, 1991: 274-280.

[158] Lu Z, Kawamura S, Goldenberg A A. An approach to sliding mode-based impedance control[J]. IEEE Transactions on Robotics and Automation, 1995, 11(5): 754-759.

[159] Haidacher S, Hirzinger G. Estimating finger contact location and object pose from contact measurements in 3-D grasping[C]. Proceedings of IEEE International Conference on Robotics and Automation, Taipei, 2003: 1805-1810.

[160] Seraji H, Colbaugh R. Adaptive force-based impedance control[C]. Proceedings of the IEEE/RSJ International Conference on Intelligent Robots and Systems, Yokonama, 1993: 1537-1544.

[161] 李继婷, 张玉茹, 郭卫东. 机器人多指手灵巧抓持规划[J]. 机器人, 2003, 25(5): 409-413.

[162] 刘志伟. 基于 ANFIS 的信道估计算法研究[D]. 北京: 北京工业大学, 2007.

[163] Sinha P R, Abel J M. A contact stress model for multifingered grasps of rough objects[J]. IEEE Transactions on Robotics and Automation, 1992, 8(1): 7-22.

[164] Kumar V, Waldron K J. Sup-optimal algorithms for force distribution in multifingered grippers[J]. IEEE Transactions on Robotics and Automation, 1989, 5(4): 252-257.

[165] Jameson J W, Leifer L J. Automatic grasping: An optimization approach[J]. IEEE Transactions on Systems, Man and Cybernetics, 1987, 17(5): 806-814.

[166] 侯涛刚, 王田苗, 苏浩鸿, 等. 软体机器人前沿技术及应用热点[J]. 科技导报, 2017, 35(18): 20-27.

[167] 王田苗, 郝雨飞, 杨兴帮, 等. 软体机器人: 结构、驱动、传感与控制[J]. 机械工程学报, 2017, 53(13): 1-13.

[168] Jing Z L, Qiao L F, Pan H, et al. An overview of the configuration and manipulation of soft

robotics for on-orbit servicing[J]. Science China: Information Sciences, 2017, 60(5): 6-24.

[169] De Falco I, Cianchetti M, Menciassi A. A soft multi-module manipulator with variable stiffness for minimally invasive surgery[J]. Bioinspiration & Biomimetics, 2017, 12(5): 1-15.

[170] Arezzo A, Mintz Y, Allaix M E, et al. Total mesorectal excision using a soft and flexible robotic arm: A feasibility study in cadaver models[J]. Surgical Endoscopy, 2016, 31(1): 1-10.

[171] Hendrick R J, Herrell S D, Webster R J. A multi-arm hand-held robotic system for transurethral laser Prostate surgery[C]. IEEE International Conference on Robotics & Automation, Hong Kong, 2014: 2850-2855.

[172] Ansari Y, Manti M, Falotico E, et al. Towards the development of a soft manipulator as an assistive robot for personal care of elderly people[J]. International Journal of Advanced Robotic Systems, 2017, 14(2): 17-30.

[173] Manti M, Pratesi A, Falotico E, et al. Soft assistive robot for personal care of elderly people[C]. The 6th IEEE International Conference on Biomedical Robotics and Biomechatronics, New York, 2016: 833-838.

[174] Nguyen P H, Sparks C, Nuthi S G, et al. Soft poly-limbs: Toward a new paradigm of mobile manipulation for daily living tasks[J]. Soft Robotics, 2019, 6(1): 38-53.

[175] Mustaza S M, Saaj C M, Comin F J, et al. Stiffness control for soft surgical manipulators[J]. International Journal of Humanoid Robotics, 2018, 15(5): 1850021.

[176] Li J L, Teng Z, Xiao J. Can a continuum manipulator fetch an object in an unknown cluttered space[J]. IEEE Robotics and Automation Letters, 2017, 2(1): 2-9.

[177] Mishra A K, Mondini A, Del Pottore E, et al. Modular continuum manipulator: Analysis and characterization of its basic module[J]. Biomimetics, 2018, 3(3): 1-16.

[178] Everist J, Shen W M. Mapping opaque and confined environments using proprioception[C]. IEEE International Conference on Robotics and Automation, Kobe, 2009: 1041-1046.

[179] Wright C, Buchan A, Brown B, et al. Design and architecture of the unified modular snake robot[C]. IEEE International Conference on Robotics and Automation, Saint Paul, 2012: 4347-4354.

[180] Marchese A D, Katzschmann R K, Rus D, et al. Whole arm planning for a soft and highly compliant 2D robotic manipulator[C]. IEEE/RSJ International Conference on Intelligent Robots and Systems, Chicago, 2014: 554-560.

[181] Zang K J, Wang Y H, Fu X Q, et al. Study on modeling of mckibben pneumatic artificial muscle[C]. International Conference on Intelligent Computation Technology and Automation, Changsha, 2008.

[182] Simaan N, Taylor R, Flint P. A dexterous system for laryngeal surgery[C]. IEEE International Conference on Robotics and Automation, New Orleans, 2004: 351-357.

[183] Mochiyama H, Suzuki T. Dynamical modelling of a hyper-fexible manipulator[C]. Proceedings of the 41st SICE Annual Conference, Osaka, 2002: 1505-1510.

[184] 熊介. 弗莱纳公式在测量学中的应用[J]. 解放军测绘学院学报, 1984, (1): 28-34.

[185] Siciliano B, Khatib O. Springer Handbook of Robotics[M]. Berlin: Springer, 2008.

[186] Marchese A D, Rus D. Design, kinematics, and control of a soft spatial fluidic elastomer manipulator[J]. The International Journal of Robotics Research, 2016, 35(7): 840-869.